AF468468

(Par Defauconpret.)

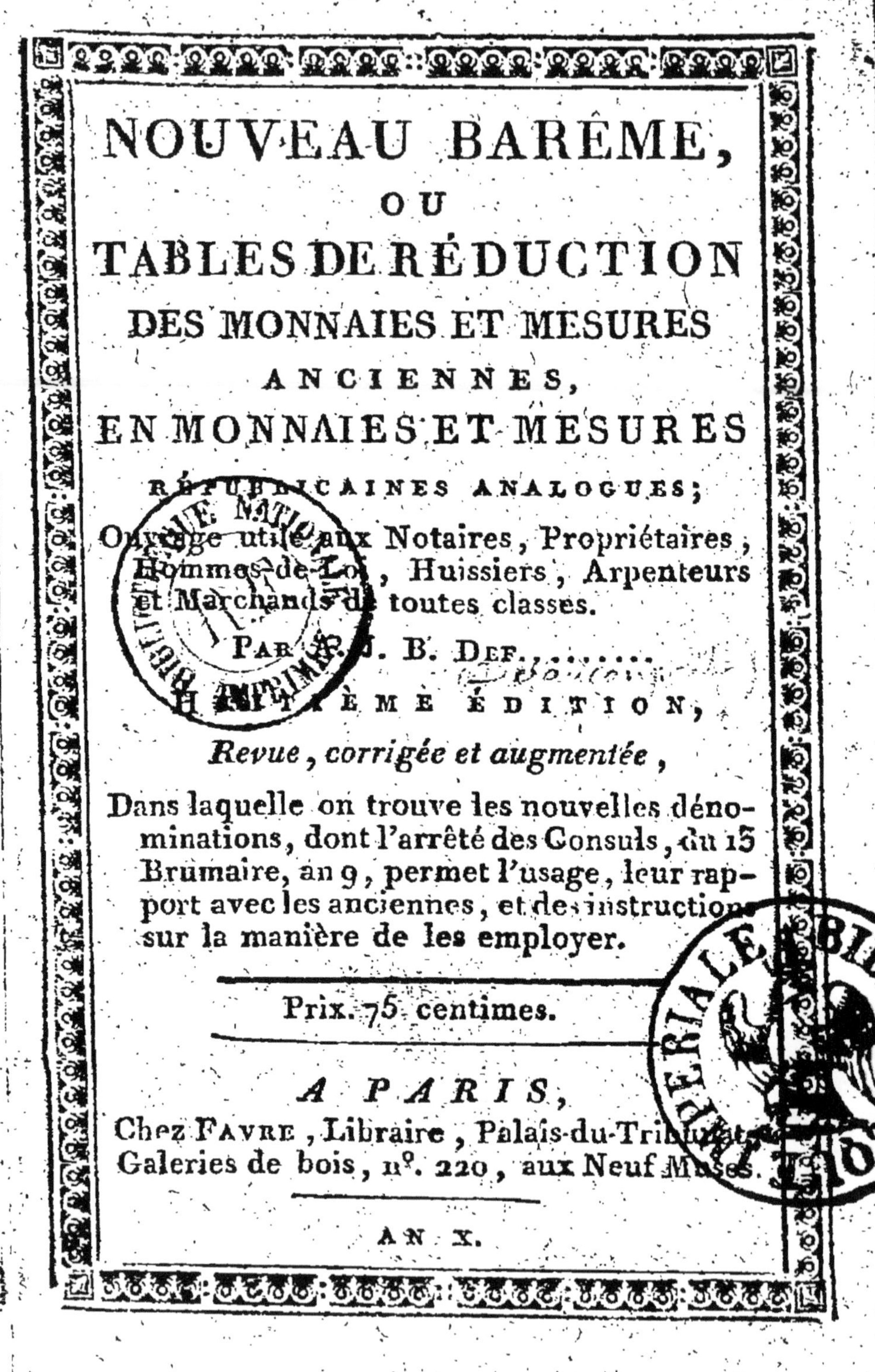

NOUVEAU BARÊME,

OU

TABLES DE RÉDUCTION

DES MONNAIES ET MESURES

ANCIENNES,

EN MONNAIES ET MESURES

RÉPUBLICAINES ANALOGUES;

Ouvrage utile aux Notaires, Propriétaires, Hommes-de-Loi, Huissiers, Arpenteurs et Marchands de toutes classes.

PAR A. J. B. DEF........

HUITIÈME ÉDITION,

Revue, corrigée et augmentée,

Dans laquelle on trouve les nouvelles dénominations, dont l'arrêté des Consuls, du 15 Brumaire, an 9, permet l'usage, leur rapport avec les anciennes, et des instructions sur la manière de les employer.

Prix. 75 centimes.

A PARIS,

Chez FAVRE, Libraire, Palais-du-Tribunat, Galeries de bois, nº. 220, aux Neuf Muses.

AN X.

TABLE
DES MATIERES
Contenues dans cet Ouvrage.

Nota. *Dans toutes les tables qui vont suivre, quand on aura additionné plusieurs quantités formant un total un peu considérable, on pourra presque toujours, à-moins que l'on n'ait besoin d'une précision rigoureuse, négliger la troisième colonne des décimales, en ayant soin d'augmenter d'une unité le dernier chiffre que l'on conserve, toutes les fois que le premier, de ceux que l'on néglige, est un 5, ou un chiffre au-dessus.*

OBSERVATIONS

Sur l'arrêté des Consuls, du 13 Brumaire, an 9.

DEPUIS la dernière édition de cet ouvrage, un arrêté des Consuls, en date du 13 Brumaire de l'an IX, relatif au mode d'exécution du systême décimal des poids et mesures, sans introduire aucun changement dans les choses, a occasionné une sorte de confusion dans les idées. Bien des gens, en lisant dans cet arrêté les mots *Arpent*, *Pinte*, *Livre*, *etc.* en ont conclu que le nouveau systême métrique était renversé, et que l'on en revenait aux anciennes mesures, puisqu'on donnait aux poids et mesures actuels les anciennes dénominations. Mais qu'on ne s'y trompe pas. Rien n'est changé, à cet égard. Les choses sont invariablement les mêmes : le systême des nouvelles mesures subsiste dans tout son entier, et il est obligatoire, et mis à exécution dans toute la République, depuis le premier vendémiaire de l'an X.

Quel est donc le but de l'arrêté des Consuls, dira-t-on ? Il est facile de le voir. Une foule d'artisans, de marchands, et d'autres individus s'élevaient contre les dénominations données aux nouvelles mesures ; leur origine grecque et latine, était, dans leur esprit, une espèce de sceau de réprobation : ils affectaient de ne pouvoir se familiariser avec des termes inconnus et étrangers à leur langue. Il a fallu leur ôter ce prétexte, dont ils couvraient leur répugnance à embrasser le nouveau systême, et leur paresse à apprendre la nomenclature de quelques mots inusités. C'est pour y parvenir qu'on leur a présenté des mots français, qui, depuis long-temps, sont d'un usage général, et que l'on a donné la faculté de substituer des mots connus aux noms systématiques. Ainsi, vous, que le mot *Myriamètre* épouvante, vous pourrez employer, en sa place, le mot *Lieue*, avec lequel vous êtes familier; mais songez bien que cette lieue n'en sera pas une de 2000 toises, ni une de 25 au degré, mais *une lieue de dix mille mètres*, ce qui fait une longueur de 5132 toises environ.

De-même, le mot *Hectare* pourra être remplacé par celui d'*Arpent*; mais ce nouvel arpent n'offrira aucune des mesures agraires précédemment connues sous cette dénomination, et sera *un arpent de dix mille mètres quarrés* faisant une surface d'environ 2634 toises quarrées. Il en est de-même des autres dénominations.

On croit devoir observer que l'esprit de l'arrêté susdaté, n'est pas d'engager à abandonner l'usage des noms systématiques pour prendre les dénominations qu'il permet d'y substituer ; on n'a voulu que faciliter à la mémoire un moyen d'adapter un nom quelconque aux nouvelles mesures, sans prétendre supprimer la nomenclature précédemment adoptée, qui finira par s'établir insensiblement, et devenir d'un usage général, malgré les préjugés et la résistance mal calculée de quelques individus.

On a ajouté à chacune des tables, dans cette nouvelle édition, la nomenclature des mots que l'on peut substituer, comme synonymes, aux noms systématiques, et des exemples de leur application.

OBSERVATIONS PRÉLIMINAIRES.

RIEN n'est plus simple, rien n'est plus facile à comprendre que le nouveau systême des poids et mesures ; et cependant rien n'est, généralement, si peu compris. Je ne parle pas seulement de cette portion du peuple qui, dépourvue d'instruction et de lumières, ne connaît et ne suit qu'une routine aveugle, dont le tems seul pourra lui faire secouer le joug ; je parle des hommes instruits et éclairés, dont un assez grand nombre fait tous les jours des erreurs considérables dans la réduction des anciennes mesures en mesures républicaines analogues. C'est sur-tout dans la réduction des arpens en *hectares*, des perches en *ares*, que ces erreurs se rencontrent fréquemment. On ne fait pas attention que, la mesure des arpens variant, suivant le territoire, la valeur des *hectares* doit varier proportionnellement : ainsi un arpent, à Saint-Denis, vaut 34 *ares* 17 *centiares* ; à Gonesse, 42 *ares* 18 *centiares* ; à Jagny, 55 *ares* 80 *centiares*, etc. Or si, dans un contrat de vente d'un arpent de terre, à Jagny, on énonce 34 *ares* 17 *centiares*, il existe une erreur de 21 *ares* 63 *centiares*, et cette erreur est importante, puisqu'elle peut devenir par la suite un sujet de contestation. C'est en-effet ce qui est déjà arrivé.

On ne peut se dissimuler que beaucoup de personnes ne sont pas familiarisées avec le calcul décimal. La classe nombreuse des artisans, des manouvriers, n'a ni le temps, ni la faculté d'en apprendre les régles, quoique beaucoup plus faciles que celles de l'ancien calcul. Il est des hommes qui, avec les moyens de se procurer cette connaissance, en sont détournés par une sorte de paresse et d'insouciance habituelle.

Comment donc parvenir à leur apprendre le nom et la valeur des nouvelles mesures ? Le moyen qui m'a paru le plus simple, est de leur présenter des tables de comparaison entre les anciennes mesures et les nouvelles ; et de rédiger ces tables de manière qu'elles réunissent la clarté à l'exactitude. Celles qui ont paru jusqu'à ce jour, supposent ceux qui les consultent, instruits dans le calcul décimal ; c'est, au-contraire, à l'usage de ceux qui n'en ont pas la moindre notion, que les tables suivantes sout destinées ; on les a déchargées de ce grand nombre de décimales, nécessaires sans doute pour un calcul rigoureux, mais qui ont deux inconvéniens très-graves, l'un d'embarrasser la mémoire fort inutilement, quand on n'a besoin que d'une approximation assez exacte pour être sûr de ne commettre aucune erreur sensible ; l'autre, d'effrayer, de dégoûter, si j'ose parler ainsi, ceux qui, ne connaissant pas ce calcul, ignorent la valeur de chacune de ces décimales, et ne peuvent y donner aucune dénomination, y attacher aucune idée.

On s'est donc attaché, dans les tables suivantes, à ne conserver que le nombre de décimales strictement nécessaire. Ainsi on y dit que la perche de 18 pieds contient 34 *centiares*, et on néglige 166 *millièmes de centiares*, parce que l'erreur qui en résulte, ne fait pas la *deux-centième partie d'une perche*. Une précision plus rigoureuse serait inutile pour les calculs journaliers et ordinaires, l'ancien calcul n'en approchait pas davantage ; on négligeait les fractions de deniers ; et, si un arpenteur, en vérifiant la mesure d'une pièce de terre, portait l'exactitude jusqu'aux pieds, ce n'était que pour les terreins précieux et d'une petite étendue qu'il parlait des pouces, et jamais il n'était question des lignes

Le

Le but de ces tables est donc d'accoutumer à la nomenclature des nouvelles mesures, et de faire connaître leur valeur, comparativement aux anciennes. On trouvera dans cette huitième édition un vocabulaire complet des nouvelles mesures, avec le tableau des abbréviations adoptées par l'agence des poids et mesures.

Quelques personnes ayant desiré une exactitude plus rigoureuse dans certaines tables, on s'est déterminé à y ajouter une et même deux décimales; mais on a eu soin de ranger les chiffres par colonnes distinctes, de manière que les additions en seront très-faciles et à la portée de tout le monde.

Ces tables seront utiles aux notaires, propriétaires, hommes de loi, huissiers, arpenteurs, marchands de toutes les classes, et, généralement, à tous ceux qui peuvent avoir besoin de réduire les anciennes mesures en mesures républicaines. On y trouvera aussi une table de comparaison entre les nouvelles et les anciennes mesures, une méthode abrégée et facile pour réduire en un instant et sans calcul, les sols et deniers en centimes, et une table de comparaison entre la valeur du franc et celle de la livre tournois.

On trouvera enfin, dans cette huitième édition, de nouvelles tables pour la réduction de diverses mesures territoriales non-comprises dans les premières éditions.

Les personnes qui ne connaissent pas les règles du calcul décimal, croiront apercevoir des erreurs dans les tables suivantes. Dès la première page, elles verront qu'*une ligne* vaut 2 *millimètres*; 2 *lignes*, 5 *millimètres*; 4 *lignes*, 9 *millimètres*. Beaucoup de gens seront portés à penser et à dire que, si *une ligne* vaut 2 *millimètres*, 2 *lignes* doivent en valoir 4, etc. On croit, pour les rassurer, devoir les prévenir que ces différences sont occasionnées par les décimales que l'òn néglige, et pour-raison desquelles on ajoute une unité, toutes les fois qu'elles excèdent la valeur de la moitié d'une unité.

Poür mieux faire sentir la justesse de cette observation, on va donner une table de la valeur exacte d'une ligne jusqu'à un pouce.

Lignes	*Millimètres.*	*Millièmes de mil.*
1	2	255
2	4	510
3	6	765
4	9	020
5	11	275
6	13	530
7	15	785
8	18	040
9	20	295
10	22	550
11	24	805
12 ou un pouc.	27	060

En comparant cette table à celle qui suit, on voit que l'on néglige toutes les décimales qui restent au-dessous de 500, et que l'on ajoute une unité, toutes les fois que les décimales produisent ce nombre, ou s'élèvent au-dessus, ce qui est prescrit par les instructions publiées par le corps législatif, et conforme d'ailleurs aux règles du calcul décimal. Il en est de même de toutes les autres tables. Au surplus, pour rendre, leur usage plus facile et plus familier, on placera un exemple d'application à la fin de chacune d'elles.

PREMIERE TABLE.

MESURES LINÉAIRES.

Nomenclature.

Nouv. dénom.	*Abb.*	*Synonym.*	*valeur com.*
Myriamètre .	Mm .	Lieue de 10,000 *mètres.*	5132 toises ou 2 lieues 1/4 de 25 au deg.
Kilomètre . .	Km .	mille de 1,000 *m.*	513 toises.
Hectomètre. .	Hm .		51 tois. 3/10
Décamètre.. .	Dm .	Perche de 10 *m.*	30 p. 9 pou
MÈTRE. . . .	M.. .		3 pieds 11 lign. 11/25
Décimètre . .	M/d .	Palme. 10e de *m.*	3 pouces 8 lignes 1/3
Centimètre. .	M/c .	Doigt. 100e de *mètre.*	4 lig. 11/25
Millimètre. .	M/m .	Trait. 1000e de *mètre.*	4/9 d'une l.

Lignes	M.	M/c.	M/m
1.			2
2.			5
3.			7

Lignes.	M.	M/c.	M/m
4	„	„	9
5	„	1	1
6	„	1	4
7	„	1	6
8	„	1	8
9	„	2	„
10	„	2	3
11	„	2	5
Pouces.			
1	„	2	7
2	„	5	4
3	„	8	1
4	„	10	8
5	„	13	5
6	„	16	2
7	„	18	9
8	„	21	6
9	„	24	4
10	„	27	1
11	„	29	8
Pieds.			
1	„	32	5
2	„	64	9
3	„	97	4
4	1	29	9
5	1	62	4
6	1	94	8

Pieds.	M.	M/c.	M/m
7	2	27	3
8	2	59	8
9	2	92	3
10	3	24	7
20	6	49	5
30	9	74	2
40	12	98	9
50	16	23	7
100	32	47	3
Toises.			
1	1	94	8
2	3	89	7
3	5	84	5
4	7	79	4
5	9	74	2
6	11	69	0
7	13	63	19
8	15	58	7
9	17	53	6
10	19	48	4
20	38	96	8
30	58	45	2
40	77	93	6
50	97	42	0
100	194	83	9
Aunes.			
1	1	18	8

Aunes.	M.	M/c.	M/m
2.	2	37	6
3.	3	56	4
4.	4	75	2
5.	5	94	,,
6.	7	12	8
7.	8	31	6
8.	9	50	4
9.	10	69	2
10.	11	88	,,
20.	23	76	,,
30.	35	64	,,
40.	47	52	,,
50.	59	40	,,
100.	118	80	,,

Fractions de l'aune.	M.	M/c.	M/m
Une demi-aune.	,,	59	4
Un tiers.	,,	39	6
Un quart.	,,	29	7
Un cinquième.	,,	23	8
Un sixième.	,,	19	8
Un huitième.	,,	14	8
Un dixième.	,,	11	9
Un douzième.	,,	9	9
Un seizieme.	,,	7	4
Un vingt-quatrième.	,,	5	,,
Un trente-deuxième.	,,	3	7
Un quarante-huitième.	,,	2	5

EXEMPLES

Veut-on convertir en nouvelles mesures 13 toises 4 pieds 3 pouces 2 lig.? On cherchera d'abord 10 toises,

	M.	M/c.	M/m
et l'on trouvera :	19	48	4
Ensuite 3 toises	5	84	4
4 pieds.	1	29	9
3 pouces.	»	8	1
2 lignes..	»	»	5
Additionnant toutes ces quantités, on aura pour total. . .	26	71	3

De-même veut-on trouver l'équivalent de 25 aunes 2/3, vous cherchez

	M.	M/c.	M/m
d'abord 20 aunes.	23	76	»
puis 5 aunes	5	94	»
Enfin vous prenez deux fois	»	39	6
un tiers	»	39	6
Et vous avez pour résultat . .	30	49	2

Si l'on veut exprimer ce produit par les mots introduits par l'arrêté du 13 brumaire, on dira : 30 *mètres*, 4 *palmes*, 9 *doigts*, 2 *traits*; ou 30 *mètres* 49 *doigts* 2 *traits*, ce qui est la même chose, le premier chiffre de la colonne des centimètres représentant les *décimètres* ou *palmes*, et le second les *centimètres* ou *doigts*.

DEUXIEME TABLE.

MESURES ITINÉRAIRES.

Nota. — La nomenclature des mesures itinéraires est la même que celle des mesures linéaires ; mais il est bon d'observer que le *myriamètre* et le *kilomètre* sont les seules unités que l'on doive employer, sauf à se servir de leurs fractions, s'il en est besoin.

§. Ier.

Lieues de 2000 toises.

Lieues	Mm.	Km.	centièmes de Km.
1	»	3	90
2	»	7	79
3	1	1	69
4	1	5	59
5	1	9	48
6	2	3	38
7	2	7	28
8	3	1	17
9	3	5	07
10	3	8	97

Lieues	Mm.	Km.	centièmes de Km
20	7	7	94
30	11	6	91
40	15	5	88
50	19	4	85
100	38	9	70
Fractions.			
Une demi-lieue.	»	1	95
Un tiers	»	1	30
Un quart.	»	»	97
Un demi-quart.	»	»	49

§. II.

Lieues de 25 au degré.

Lieues	Mm.	Km.	centièmes de Km.
1	»	4	44
2	»	8	89
3	1	3	33
4	1	7	78
5	2	2	22
6	2	6	66
7	3	1	11
8	3	5	56
9	4	»	»
10	4	4	44

Lieues	Mm.	Km.	centièmes de Km.
20	8	8	89
30	13	3	33
40	17	7	78
50	22	2	22
100	44	4	44

Fractions.

Une demi-lieue... . .	»	2	22
Un tiers	»	1	48
Un quart..	»	1	11
Un demi-quart	»	»	56

EXEMPLE.

Veut-on réduire 27 lieues 3 quarts de 25 au degré en mesures républicaines analogues? on cherchera d'abord

	Mm.	Km.	centièmes de Km.
20 lieues..	8	8	89
7 lieues..	3	1	11
Une demi-lieue. . . .	»	2	22
Un quart.	»	1	11
Et on aura pour total . .	12	3	33

Si l'on veut se servir des mots dont l'arrêté du 13 brumaire permet l'usage, on dira: 12 *lieues* 3 *milles* 33 *centièmes de mille.*

TROISIEME,

TROISIEME TABLE.

MESURES DE SURFACE.

La nomenclature est la même que pour les mesures linéaires; il ne s'agit que de les élever au quarré.

Lignes quarrées.	M. quar.	Mſd. quar.	Mſc. quar.	Mſm. quar.
1	»	»	»	5
2	»	»	»	10
3	»	»	»	15
4	»	»	»	20
5	»	»	»	25
6	»	»	»	31
7	»	»	»	36
8	»	»	»	41
9	»	»	»	46
10	»	»	»	51
20	»	»	1	02
30	»	»	1	53
40	»	»	2	03
50	»	»	2	54
100	»	»	5	09

Pouces quarrés.	M. quar.	M/d. quar.	M/c. quar.	M/m. quar.
1 (144 lignes) . . .	»	»	7	32
2	»	»	14	65
3	»	»	21	97
4	»	»	29	29
5	»	»	36	62
6	»	»	43	94
7	»	»	51	26
8	»	»	58	58
9	»	»	65	91
10	»	»	73	23
20	»	1	46	46
30	»	2	19	69
40	»	2	92	92
50	»	3	66	15
100	»	7	32	30
Pieds quarrés.				
1 (144 pouces) . . .	»	10	54	51
2	»	21	09	02
3	»	31	63	54
4	»	42	18	05
5	»	52	72	56
6	»	63	27	07
7	»	73	81	58
8	»	84	36	09
9	»	94	90	61
10	1	05	45	12

Pieds quarrés.	M. quar.	M/d. quar.	M/c quar.	M/m quar.
20	2	10	90	24
30	3	16	35	35
Toises quarrées.				
1 (36 pieds) . . .	3	79	62	62
2	7	59	25	24
3	11	38	87	86
4	15	18	50	48
5	18	98	13	10
6	22	77	75	72
7	26	57	38	34
8	30	37	00	96
9	34	16	63	58
10	37	96	26	20
20	75	92	52	40
30	113	88	78	60
40	151	85	04	80
50	189	81	31	00
100	379	62	62	00

EXEMPLE:

Veut-on réduire en nouvelles mesures trois toises cinq pieds sept pouces trois lignes quarrés ?

On cherche d'abord trois toises, et

	M. quar.	M/d. quar.	M/c. quar.	M/m. quar.
l'on trouve.. . . .	11	38	87	86
5 pieds. . .	»	52	72	56
7 pouces . .	»	»	51	26
3 lignes. . .	»	»	»	15
On aura p. total .	11	92	11	83

Et pour traduire ce résultat dans les termes autorisés par l'arrêté du 13 brumaire, on dira : 11 *mètres* 92 *palmes* 11 *doigts* 83 *traits quarrés.*

On observe ici que le mètre, étant élevé au quarré, égale cent décimètres; le décimètre cent centimètres, et le centimètre cent millimètres.

QUATRIEME TABLE.

Mesures agraires.

Nomenclature.

Nouvelles dénominat.	*Abb.*	*Syn.*	*Val. comparative.* Toises quar.	pieds quar.	pouces quar.
Myriare	Ma		263,418	13	082
Kilare	Ka		26,341	30	022
Hectare	Ha.	Arp. de 10,000 m. q.	2,634	06	088
			ou 1 arp. 95 perc. 9/10, mesure de 22 pieds, ou 2 arpens 92 perches 3/5 mesure de 18 pieds.		
Décare	Da		263	15	008
Are	A.	Perc. de 100 m. q.	26	12	044
			ou une perche 9/10 mesure de 22 pieds ; ou 2 perches 15/16, mesure de 18 pieds.		
Déciare	A/d		2	22	119
Centiare	A/c.	Mètre q.	»	9	069
			environ 1/51 de perche, mesure de 22 pieds, ou environ 1/34 de perche, mesure de 18 pieds.		
Milliare	A/m		»	»	130

Nota. — Il faut observer que, dans l'énonciation des mesures agraires, il est à-propos de n'employer que les termes d'*hectares, ares, et centiares*. Le myriare est une mesure trop grande pour être employée autrement que dans la géographie, et les kilares, décares, déciares et milliares n'étant point des quarrés, ces dénominations ne serviraient qu'à surcharger la mémoire, sans offrir aucune utilité réelle.

---

§. Ier.

Mesure de 18 pieds pour perche, et de 100 perches pour arpent.

Cette mesure est celle usitée dans presque tout le département de la Seine, et dans une grande partie de celui de Seine et Oise, comme *Ecouen*, *Sarcelles*, *St.-Brice*, *Ezanville*, etc.

Perches.	Ha.	A.	Ase.
1	»	»	34
2	»	»	68

Perches.	Ha.	A.	A∫c.
3	»	1	02
4	»	1	37
5	»	1	71
6	»	2	05
7	»	2	39
8	»	2	73
9	»	3	07
10	»	3	42
12 1/2 ou 1/2 quartier	»	4	27
20	»	6	83
25, ou un quartier .	»	8	54
30	»	10	25
33 1/3 ou un tierceau	»	11	39
37 1/2 ou 1 quar. et 1/2	»	12	81
40	»	13	67
50 ou un demi-arpent	»	17	08
75 ou trois quartiers.	»	25	62
87 1/2 ou 3 quar. et 1/2	»	29	90
Arpens.			
1	»	34	17
2	»	68	33
3	1	02	50
4	1	36	66
5	1	70	83
6	2	05	00
7	2	39	16
8	2	73	33

Arpens.	Ha.	A.	A/c.
9	3	07	50
10	3	41	66
20	6	83	32
30	10	24	99
40	13	66	65
50	17	08	31
100	34	16	62

Fractions.

Une demi-perche . .	»	»	17
Un tiers	»	»	11
Un quart.	»	»	9
Un huitième	»	»	4

Même mesure de 18 pieds pour perche, mais à 120 perches pour arpent.

Cette mesure est en usage, à *Chantilly*, *la Chapelle-en-Serval*, etc.

Perches.	Ha.	A.	A/c.
15, ou 1/2 quartier .	»	5	12
30, ou un quartier .	»	10	25
40, ou un tierceau .	»	13	67
45, ou 1 quar. et 1 .	»	15	37

Perches.	Ha.	A.	A/c.
60 un demi-arpent .	»	20	50
90 ou trois quartiers	»	30	75
105 ou 3 quart. et 1/2.	»	35	87
Arpens.			
1	,,	41	,,
2	,,	82	,,
3	1	23	,,
4	1	64	,,
5	2	05	,,
10	4	09	99
20	8	19	98
30	12	29	98
40	16	39	97
50	20	49	96

§ II.

Mesure de 18 pieds 4 pouces pour perches et 100 perches pour arpent.

Cette mesure est celle d'*Ussy*, etc.

Perches.	Ha.	A.	A/c.
1	,,	,,	35
2	,,	,,	71
3	,,	1	06
4	,,	1	42

Perches.	Ha	A.	A/c.
5.	,,	1	77
6.	,,	2	13
7.	,,	2	48
8.	,,	2	84
9.	,,	3	19
10.	,,	3	55
12 1/2 ou 1/2 quartier	,,	4	43
20.	,,	7	09
25 ou un quartier . .	,,	8	87
30.	,,	10	64
33 1/3 ou 1 tierceau..	,,	11	82
40.	,,	14	19
50 ou 1 demi-arpent.	,,	17	73
75 ou trois quartiers.	,,	26	60
87 1/2 ou 3 quart. 1/2	,,	31	03
Arpens.			
1.	,,	35	46
2.	,,	70	93
3.	1	06	39
4.	1	41	87
5.	1	77	33
6.	2	12	80
7.	2	48	27
8.	2	83	73
9.	3	19	20
10.	3	54	67
20.	7	09	33

Arpens.	Ha.	A.	Afc.
50	17	73	55

Fractions.

Une demi-perche	,,	,,	18
Un tiers	,,	,,	12
Un quart	,,	,,	09
Un huitieme	,,	,,	04

§. III.

Mesure de 19 pieds 4 pouces pour perche, et 100 perches pour arpent.

Cette mesure est en usage, *à Mitry*, etc.

Perches.	Ha.	A.	Afc.
1	,,	,,	39
2	,,	,,	79
3	,,	1	18
4	,,	1	58
5	,,	1	97
6	,,	2	37
7	,,	2	76
8	,,	3	15
9	,,	3	55
10	,,	3	94
12 1/2 ou 1/2 quartier	,,	4	93

Perches.	Ha.	A.	A/c.
20....................	,,	7	89
25, ou un quartier.....	,,	9	86
30....................	,,	11	83
33 1/3 ou un tierceau...	,,	13	14
40....................	,,	15	77
50 ou un demi-arpent..	,,	19	72
75 ou trois quartiers...	,,	29	58
87 1/2 ou 3 quart. 1/2...	,,	34	51
Arpens.			
1....................	,,	39	43
2....................	,,	78	87
3....................	1	18	30
4....................	1	57	74
5....................	1	97	17
10....................	3	94	55
20....................	7	88	69
30....................	11	83	04
40....................	15	77	39
50....................	19	71	73
100....................	39	43	47

Fractions.

Une demi-perche......	,,	,,	20
Un tiers..............	,,	,,	13
Un quart..............	,,	,,	10
Un huitieme...........	,,	,,	05

§ IV.

§. IV.

Mesure de 19 pieds 10 pouces pour perche, et 128 perches pour arpent.

Cette mesure est en usage, *au Mesnil-Aubry*, etc.

Perches	Ha.	A	A/c
1	»	»	41
2	»	»	83
3	»	1	24
4	»	1	66
5	»	2	07
6	»	2	49
7	»	2	90
8	»	5	32
9	»	3	73
10	»	4	15
16, ou 1/2 quartier.	»	6	64
20	»	8	30
30	»	12	44
32, ou un quartier .	»	13	27
40	»	16	60
50	»	20	74

Perches.	Ha.	A.	Afc.
60	»	24	89
64, ou 1/2 arpent. .	»	26	55
96, ou trois quartiers	»	39	82
112, ou 3 quart. et 1/2	»	46	46
Arpens.			
1	»	53	09
2	1	06	19
3	1	59	28
4	2	12	38
5	2	65	47
6	3	18	57
7	3	71	66
8	4	24	76
9	4	77	85
10	5	30	94
20	10	61	89
30	15	92	83
40	21	23	78
50	26	54	72
100	53	09	44

Fractions.

Une demi-perche . .	»	»	21
Un tiers	»	»	14
Un quart.	»	»	10
Un huitième	»	»	5

§. V.

Mesure de 20 pieds pour perche, et 100 perches pour arpent.

Cette mesure est en usage, à *Gonesse*, etc.

Perches.	Ha.	A.	C.
1	»	»	42
2	»	»	84
3	»	1	27
4	»	1	69
5	»	2	11
6	»	2	53
7	»	2	95
8	»	3	37
9	»	3	80
10	»	4	22
12 1/2, ou 1/2 quart.	»	5	27
20	»	8	44
25, ou un quartier .	»	10	54
30	»	12	65
33 1/3, ou 1 tierceau.	»	14	06
37 1/2, ou 1 quar. 1/2	»	15	82

Perches.	Ha.	A.	A/c.
40	„	16	87
50, ou 1/2 arpent...........	„	21	09
75, ou 3 quartiers..........	„	31	64
87 1/2, ou 3 quartiers 1/2..	„	36	91
Arpens.			
1	„	42	18
2	„	84	36
3	1	26	54
4	1	68	72
5	2	10	90
6	2	53	08
7	2	95	26
8	3	37	44
9	3	79	62
10	4	21	80
20	8	43	61
30	12	65	41
40	16	87	22
50	21	09	02
100	42	18	05

Fractions.

Une demi-perche..............	„	„	21
Un tiers....................	„	„	14
Un quart....................	„	„	11
Un huitième.................	„	„	05

§. VI.

Mesure de 21 pieds pour perche, et de 120 perches pour arpent.

Cette mesure est en usage *à Jagny*, etc.

Perches.	Ha.	A.	Aſc.
1	»	»	47
2	»	»	93
3	»	1	40
4	»	1	86
5	»	2	33
6	»	2	79
7	»	3	26
8	»	3	72
9	»	4	19
10	»	4	65
15, ou 1/2 quartier	»	6	98
20	»	9	30
30, ou un quartier	»	13	95
40, ou un tierceau	»	18	60
45, ou 1 quart. et 1/2 ..	»	20	93
50	»	23	25
60, ou 1 demi-arpent ..	»	27	90

Perches.	Ha.	A.	Ase.
90, ou 3 quartiers. . . .	»	41	85
105, ou 3 quart. et 1/2.	»	48	83
Arpens			
1.	»	55	80
2.	1	11	61
3.	1	67	41
4.	2	23	22
5.	2	79	02
6.	3	34	83
7.	3	90	63
8.	4	46	44
9.	5	02	24
10.	5	58	05
20.	11	16	10
30.	16	74	14
40.	22	32	19
50.	27	90	24
100.	55	80	48

Fractions.

Une demi-perche . . .	»	»	23
Un tiers	»	»	16
Un quart.	»	»	12
Un huitième	»	»	06

Même mesure de 21 pieds pour perche, mais à 100 perches pour arpent.

Cette mesure est en usage à *Vemars*, etc.

Perches.	Ha.	A.	A/c.
12 1/2 ou 1/2 quartier .	»	5	81
25, ou un quartier . .	»	11	63
33 1/3, ou 1 tierceau .	»	15	50
37 1/2, ou 1 quar. 1/2 .	»	17	44
50, ou demi-arpent. .	»	23	25
75, ou 3 quartiers. . .	»	34	88
87 1/2 ou 3 quar. et 1/2 .	»	40	69
Arpens.			
1	»	46	50
2	»	93	01
3	1	39	51
4	1	86	02
5	2	32	52
10	4	65	04
20	9	30	08
30	13	95	12
40	18	60	16
50	23	25	20

§. VII.

Mesure de 22 pieds pour perche, et 100 perches pour arpent.

Cette mesure est celle de *Plailly*, *Roissy*, etc.

Perches.	Ha.	A.	A/c.
1......................	„	„	51
2......................	„	1	02
3......................	„	1	53
4......................	„	2	04
5......................	„	2	55
6......................	„	3	06
7......................	„	3	57
8......................	„	4	08
9......................	„	4	59
10......................	„	5	10
12 1/2, ou 1/2 quart.....	„	6	38
20......................	„	10	21
25 ou un quartier.......	„	12	76
30......................	„	15	31
33 1/3, ou 1 tierceau.....	„	17	01
37 1/2 ou 1 quartier 1/2..	„	19	14

Perches.	Ha.	A.	A*ſ*c.
40	,,	20	42
50 ou 1/2 arpent . .	,,	25	52
75 ou trois quartiers	,,	38	28
87 1/2, ou 3 quar. 1/2	,,	44	66
Arpens.			
1	,,	51	04
2	1	02	08
3	1	53	12
4	2	04	15
5	2	55	19
6	3	06	23
7	3	57	27
8	4	08	31
9	4	59	35
10	5	10	38
20	10	20	77
30	15	31	15
40	20	41	55
50	25	51	92
100	51	03	84

§. VIII.

Réduction de la perche de différentes mesures en *ares*, et de l'arpent de 100 perches en *hectares*.

	Ha.	A.	A/c.
Une perche de 9 pieds.	„	„	09
2.	„	„	17
3.	„	„	26
5.	„	„	43
10.	„	„	85
20.	„	1	71
50.	„	4	27
Un arp. de 100 perch.	„	8	54
5.	„	42	71
10.	„	85	42
20.	1	70	84

	Ha.	A.	A/c.
Une perche de 10 pieds	„	„	11
2.	„	„	21
3.	„	„	32
5.	„	„	53
10.	„	1	05
20.	„	2	11
50.	„	5	27

	Ha.	A.	A/c.
Un arpent.	,,	10	55
5.	,,	52	73
10.	1	05	45

Une perche de 11 pieds	,,	,,	13
2.	,,	,,	26
3.	,,	,,	38
5.	,,	,,	64
10.	,,	1	28
20.	,,	2	55
50.	,,	6	38
Un arpent.	,,	12	76
5.	,,	63	80
10.	1	27	60

Une perche de 12 pieds	,,	,,	15
2.	,,	,,	30
3.	,,	,,	46
5.	,,	,,	76
10.	,,	1	52
20.	,,	3	04
50.	,,	7	59
Un arpent.	,,	15	19
5.	,,	75	93
10.	1	51	85

	Ha.	A.	Aſc.
Une perche de 13 pieds..	„	„	18
2..................	„	„	36
3..................	„	„	53
5..................	„	„	89
10..................	„	1	78
20..................	„	3	56
50..................	„	8	91
Un arpent.	„	17	82
5..................	„	89	11
10..................	1	78	21

	Ha.	A.	Aſc.
Une perche de 14 pieds..	„	„	21
2..................	„	„	41
3..................	„	„	62
5..................	„	1	03
10..................	„	2	07
20..................	„	4	13
50..................	„	10	33
Un arpent..	„	20	67
5..................	1	03	34
10..................	2	06	68

	Ha.	A.	Aſc.
Une perche de 15 pieds..	„	„	24
2..................	„	„	47
3..................	„	„	71

5 perches

	Ha.	A	A/c.
5 perches	„	1	19
10.	„	2	37
20.	„	4	75
50.	„	11	86
Un arpent.	„	23	73
5.	1	18	63
10.	2	37	26

Une perche de 16 pieds .	„	„	27
2.	„	„	54
3.	„	„	81
5.	„	1	35
10.	„	2	70
50.	„	13	50
Un arpent.	„	27	00
5.	1	34	98
10.	2	69	95

Une perche de 17 pieds .	„	„	30
2.	„	„	61
3.	„	„	91
5.	„	1	52
10.	„	3	05
20.	„	6	09
50.	„	15	24

	Ha.	A	Afc.
Un arpent.	„	30	48
5.	1	52	38
10.	3	04	75

Pour la perche de 18 pieds, voyez le §. I. ci-devant.

Pour celle de 18 pieds 4 pouces, voyez le §. II.

	Ha.	A.	Afc.
Une perche de 19 pieds.	„	„	38
2.	„	„	76
3.	„	1	14
5.	„	1	90
10.	„	3	81
20.	„	7	61
50.	„	19	03
Un arpent.	„	38	07
5.	1	90	34
10.	3	80	67

Pour la perche de 19 pieds 4 pouces, voyez le §. III ci-devant.

Pour celle de 19 pieds 10 pouces, voyez le §. IV.

Pour les perches de 20, 21 et 22 pieds, voyez les §. V, VI et VII ci-devant.

Mesure de *Moussy-le-Neuf*, etc.

22 pieds 4 pouces pour perche, et 100 perches pour arpent.

	Ha.	A.	A/c.
Une perche.	„	»	53
2.	„	1	05
3.	„	1	58
5.	„	2	63
10.	„	5	26
20.	„	10	52
50.	„	26	31
Un arpent de 100 perches	„	52	62
5.	2	63	10
10.	5	26	20

Mesure de *Fontenay*, etc.

22 pieds 6 *pouces pour perche, et* 80 *perches pour arpent.*

	Ha.	A.	A/c.
Une perche............	”	”	53
2.............	”	1	07
3.............	”	1	60
5.............	”	2	67
10.............	”	5	34
20.............	”	10	68
40....................	”	21	36
80 ou un arpent........	”	42	73
5 arp. même mesure...	2	13	64
10....................	4	27	29

Une perche de 23 pieds.	”	”	56
2....................	”	1	12
3....................	”	1	67
5....................	”	2	79
10....................	”	5	58
20....................	”	11	16
50....................	”	27	89
Un arp. de 100 perches.	”	55	78
5....................	2	78	92
10....................	5	57	84

	Ha.	A.	Afc.
Une perche de 24 pieds.	,,	,,	61
2	,,	1	21
3.	,,	1	82
5.	,,	3	04
10.	,,	6	07
20.	,,	12	15
50.	,,	30	37
Un arp. de 100 perch .	,,	60	74
5.	3	03	70
10.	6	07	40

	Ha.	A.	Afc.
Une perche de 25 pieds	,,	,,	66
2.	,,	1	32
3.	,,	1	98
5.	,,	3	30
10.	,,	6	59
20.	,,	13	18
50.	,,	32	95
Un arp. de 100 perches.	,,	65	91
5.	3	29	54
10.	6	59	07

Mesure de *Luzarches*, *Louvres*, etc.
64 perches pour arpent, et 25 pieds pour perche.

Arpens.	Ha.	A.	Afc.
1	„	42	18
2	„	84	36
3	1	26	54
5	2	10	90
10	4	21	80

Nota. L'arpent de 64 perches à 25 pieds pour perche, est égal à l'arpent de 100 perches, à 20 pieds pour perche. Voyez § V.

Mesure de *Villeron*, etc.
25 pieds pour perche, et 66 perches pour arpent.

Arpens.	Ha.	A.	Afc.
1.	„	43	50
2.	„	87	„
3.	1	30	50
5.	2	17	49
10.	4	34	99
20.	8	69	97

Mesure de *Survilliers*, etc.

25 pieds pour perche, et 81 perches pour arpent.

Arpens.	Ha.	A.	A/c.
1.	»	53	38
2.	1	06	77
3.	1	60	15
5.	2	66	92
10.	5	33	85

Mesure du *Plessis-Gasseaux*, etc.

27 pieds pour perche, et 54 perches pour arpent.

Perches.	Ha.	A.	A/c.
1.	„	»	77
2.	„	1	54
3.	„	2	31
5.	„	3	84
10.	„	7	69
20.	„	15	37
50.	„	38	44
Un arpent	„	41	51
2.	„	83	02
3.	1	24	54
5.	2	07	56
10.	4	15	12

EXEMPLE.

Veut-on réduire vingt-trois arpens quinze perches un tiers, mesure de 18 pieds pour perche, et 100 perches pour arpent ?

	Ha.	A.	Afc.
prenez 20 arpens. . . .	6	83	32
3 arpens. . . .	1	02	50
„ 10 perches. .	„	03	42
„ 5 perches. .	„	01	71
„ „ 1/3 de p. .	„	00	11
Total	7	91	06

Et pour exprimer ce total suivant la nomenclature contenue en l'arrêté du 13 brumaire, on dira : 7 *arpens*, 91 *perches* 6 *mètres quarrés.*

CINQUIEME TABLE.

MESURES DE SOLIDITÉ.

La nomenclature est la même que pour les mesures linéaires ; à la différence près que les mesures linéaires étant élevées au cube pour devenir mesures de solidité, il faut mille décimètres cubes pour un mètre cube, mille centimètres cubes pour un décimètre cube, mille millimètres cubes pour un centimètre cube.

Lignes cubes.	Mfm. cubes.
1	11
2	23
3	34
4	46
5	57
6	69
7	79

Lignes cubes.	Mſd. cubes	Mſc. cubes	Mſm. cubes.
8			92
9			103
10			115
20			229
30			229
40			459
50			573
100		1	147
500		5	734
1000		11	468
Pouces cubes.			
1 (ou 1728 lignes cubes)		19	817
2		39	634
3		59	450
4		79	267
5		99	084
6		118	901
7		138	718
8		158	534
9		178	351
10		198	168
20		396	336
30		594	504
40		792	672
50		990	840
100	1	981	679
500	9	908	397

	M. cub.	M/d. cub.	M/c. cub.	M/m. cub.
Pouces cubes.				
1000.		19	816	795
Pieds cubes.				
1 (ou 1728 pouc. c.)		34	243	421
2		68	486	842
3		102	730	263
4		136	973	684
5		171	217	105
6		205	460	526
7		239	703	946
8		273	947	367
9		308	190	788
10.		342	434	209
20.		684	868	419
30.	1	027	303	
40.	1	369	736	
50.	1	712	171	
100	3	424	342	
200	6	848	684	
Toises cubes.				
1 (ou 216 pieds) .	7	396	579	
2.	14	793	158	
3.	22	189	737	
4.	29	586	316	
5.	36	982	895	
6.	44	379	473	
7.	51	776	052	
8.	59	172	631	

Toises cubes.	M. cub.	Mfd. cub	Mfc cub.
9.	66	569	210
10.	73	965	789
20.	147	931	578
30.	221	897	368
40.	295	863	157
50.	369	828	945
100.	739	657	890

EXEMPLE.

Veut-on trouver la valeur de 8 toises 3 pieds 7 lignes cubes ?

On prend d'abord	M. cub.	Mfd. cub.	Mfc. cub.	Mfm. cub.
pour 8 toises	59	172	631	000
3 pieds	00	102	730	263
7 lignes	00	000	000	079
Total. . . .	59	285	361	342

On peut même en pareil cas négliger les 342 millimètres cubes.

Sixième Table

SIXIEME TABLE.

MESURES DE CAPACITÉ,

Nomenclature.

Nouvelles dénom.	*Abb.*	*Synonymes pour les G.*	*Synonymes pour les L.*	*Val. comparative pour les grains.*	*Val. comparative pour les liquides*
Myrialitre.	Ml.	»	»	64 setiers 1 boiss. 3/16	Pintes de Paris 10,748
Kilolitre. .	Kl.	Muid 1 *met. c.*	»	6 set. 4 bo. 3/4.	1,074.4/5
Hectolitre .	Hl.	Set. 100 *décim.c.*	»	7 bois. 11/16.	107.2/5
Décalitre .	Dl.	Boiss. 10 *décim.c.*	Velte.	12 litrons 5/16	10.7/10
LITRE. . .	L.	Pinte 1 *déc.c.*	Pinte	1 litron 3/16	1.7/100
Décilitre .	L/d	»	Verre 10e de *d.*	Près d'1 8e de l.	Env. 1 pois. 1/5
Centilitre.	L/c	»	»	Envir. 1/80 de l.	Env. le 1/3 de r.
Millilitre'	L/m	»	»	Envir. 1/800 de litron.	Envir. 1/30 de roquil.

§. I.

Grains et matières sèches.

	Hl.	L.	L/e.
1/8 de litron	„	„	10
1/4	„	„	20
1/3	„	„	27
1/2	„	„	41
Litrons.			
1.	„	„	81
2.	„	1	63
3.	„	2	44
4.	„	3	25
5.	„	4	06
6.	„	4	88
7.	„	5	69
8.	„	6	50
9.	„	7	31
10.	„	8	13
Boisseaux.			
1 (16 litrons)	„	13	„
2.	„	26	„
3.	„	39	„
4.	„	52	„
5.	„	65	„
6 (mine ou minot). . .	„	78	„

Boisseaux.	Hl.	L.	Lfc
7	„	91	„
8	1	04	„
9	1	17	„
10	1	30	„
Setiers.			
1 (12 boisseaux]	1	56	„
2	3	12	„
3	4	68	„
4	6	24	„
5	7	80	„
6	9	36	„
7	11	92	„
8	12	48	„
9	14	04	„
10	15	60	„
Muids.			
1 [12 setiers]	18	72	„
2	37	44	„
3	56	16	„
4	74	88	„
5	93	60	„
6	113	32	„
7	131	04	„
8	149	76	„
9	168	48	„
10	187	20	„

§. II.
Liquides.

	Hl.	L.	L/c.
1/32 de p. ou 1/2 roq.	„	„	3
1/16 ou roquille. . . .	„	„	6
1/8 ou poisson	„	„	12
1/4 ou demi-setier. . .	„	„	23
1/2 ou chopine	„	„	47
Pintes.			
1	„	„	93
2	„	1	86
3	„	2	79
4	„	3	72
5	„	4	65
6	„	5	58
7	„	6	51
8	„	7	44
9	„	8	37
10	„	9	30
20	„	18	61
30	„	27	91
40	„	37	22
50	„	46	52
100	„	93	04
200	1	86	08

Pintes.	Hl.	L.	Lfc.
300	2	79	12
400	3	72	16
500	4	65	20
1000	9	30	40

EXEMPLES.

Veut-on réduire en nouvelles mesures 7 setiers 8 boisseaux de bled ?

	Hl.	L.	Lfc.
On prend d'abord 7 setiers .	11	92	„
puis 8 boisseaux	1	04	„
Et on trouve pour total . . .	12	96	„

Ou, suivant l'arrêté du 13 brumaire, 12 *setiers* 96 *pintes*, ou 12 *setiers* 9 *boisseaux et six pintes*, le premier chiffre de la colonne des *litres* représentant des *décalitres* ou *boisseaux*, et le second des *litres* ou *pintes*.

De-même, veut-on savoir combien contient en nouvelles mesures une pièce de 240 pintes ?

	Hl.	L.	Lʃs
Vous avez d'abord pour 200 pintes	1	86	08
Puis pour 40 pintes	,,	37	22
Et pour total	2	23	30

Ce qui peut s'exprimer par 22 *veltes 3 pintes 3 verres.*

Remarquez ici que, pour se servir de ces expressions, il faut séparer le premier chiffre de la colonne des *litres* pour le joindre à celle des *hectolitres*, qui alors ne contient plus que des *décalitres* ou *veltes* : que, de-même, le premier chiffre seulement de la colonne des *centilitres* peut se traduire par le mot *verre*, attendu qu'il représente des *décilitres* : le second représentant les *centilitres* ne peut se rendre que par *dixièmes de verre*. Ce qui nécessite cette opération très-simple en elle-même, est que l'arrêté du 13 brumaire n'indique, pour les mesures de capacité des liquides, aucun synonyme pour les *hectolitres* et *centilitres*.

SEPTIEME TABLE.

POIDS.

Nomenclature.

Nouv. dénominat.	*Abb.*	*Synon.*	*Val. compar.*			
			L.	O.	G.	gra.
Myriagramme.	Mg.	„	20	7	„	58
Kilogramme.	Kg.	livre	2	„	5	49
Hectogramme.	Hg.	once	„	3	2	12
Décagramme..	Dg.	gros	„	„	2	44
GRAMME. . .	G..	denier	Un peu moins de 19 grains.			
Décigramme..	G*f*d	grain	Un peu moins de 2 grains.			
Centigramme.	G*f*c	„	3*f*16 d'un gra.			
Milligramme..	G*f*m	„	Environ 1*f*64 de grain.			

Grains.	Kg.	G.	G*f*m.
1*f*16	„	„	3
2*f*16	„	„	7
3*f*16	„	„	10
1*f*4	„	„	13

Grains.	Kg.	G.	G/n
5/16	,,	,,	17
6/16	,,	,,	20
7/16	,,	,,	2
1/2	,,	,,	2
1.	,,	,,	5
2	,,	,,	10
3	,,	,,	15
4	,,	,,	21
5	,,	,,	26
6	,,	,,	31
7	,,	,,	37
8	,,	,,	42
9	,,	,,	47
10	,,	,,	531
20	,,	1	062
30	,,	1	592
40	,,	2	123
50	,,	2	654
Gros.			
1 (72 grains)	,,	3	821
2	,,	7	643
3	,,	11	464
4	,,	15	286
5	,,	19	107
6	,,	22	929
7	,,	26	750
Onces.			
1 (8 gros)	,,	30	572

Onces.	Kg.	G	Gfm.
2	,,	61	143
3	,,	91	715
4 (quarteron]	,,	122	286
5	,,	152	858
6	,,	183	430
7	,,	214	001
8 (1/2 livre ou marc]	,,	244	573
Livres.			
1 [16 onces]	,,	489	146
2	,,	978	292
3	1	467	438
4	1	956	584
5	2	445	730
6	2	934	876
7	3	424	022
8	3	913	168
9	4	402	314
10	4	891	460
20	9	782	920
30	14	674	580
40	19	565	840
50	24	457	301
Quintaux.			
1 [cent livres]	48	914	601
2	97	829	202
3	146	743	803
4	195	658	404
5	244	573	005
6	489	146	011

EXEMPLE.

Veut-on connaître la valeur de 60 livres 9 onces 3 gros ?

On cherche d'abord	Kg.	G.	Gfm.
50 livres	24	457	301
Puis 10 livres.	04	891	460
8 onces.	„	244	575
une once	„	030	572
3 gros.	„	019	107
Et l'on trouve pour total .	29	643	013

Or, comme 13 milligrammes sont une quantité infiniment petite, on peut réduire l'addition à 29 kilogrammes 643 grammes.

Ce qui peut se traduire par 29 *livres* 643 *deniers*, ou 29 *livres* 6 *onces* 4 *gros* 3 *deniers*; le premier chiffre de la colonne des *grammes* représentant des *hectogrammes* ou *onces*, le second des *décagrammes* ou *gros*, et le troisième des *grammes* ou *deniers*. De-même, le premier chiffre de la colonne des *milligrammes* représente des *décigrammes* ou *grains*, et les deux autres des *centièmes de décigrammes* ou de *grains*.

HUITIEME TABLE.

MESURES POUR LES BOIS.

Nomenclature.

Nouvelles dénominat.	*Abb.*	*Synonymes.*	*Val. compa.*
			Toises cubes.
Myriastère.	Mst.	„	1352
Kilostère .	Kst.	„	135 2/10
Hectostère.	Hst.	„	13 13/25
Décastère. .	Dst.	„	1 11/31
			Pieds cubes.
STÈRE. . .	St .	mètre cube	29 2/10, un peu plus d'une 1/2 voie de bois
Décistère .	Stfd.	Solive. 10ᵉ de mèt. cub.	2 25/25
Centistère.	Stfc.	„	29 centièmes de pied cubes
Millistère.	Stfm.	„	29 millièmes

Il est bon d'observer que pour le mesurage des bois à brûler, on n'emploie que le stère avec ses fractions.

	St.	St/c.
Un quart de corde, ou un cordon ou une demi-voie	„	96
Une demi-corde, ou une voie. .	1	92
Une corde	3	84
2	7	67
3	11	51
4	15	34
5	19	18
6	23	01
7	26	85
8	30	68
9	34	52
10	38	35
20	76	70
30	115	06
40	153	41
50	191	76
100	383	52

EXEMPLE.

Veut-on trouver la valeur de 37 cordes et demie de bois ?

	St	St/c.
On prend d'abord pour 30 cordes	115	06
Ensuite pour 7 cordes . .	26	85
Enfin pour une demi-corde	1	92
Et on a pour total	143	83

Monnaies

MONNAIES.

Au moyen d'une règle très-facile que l'on va établir, il ne sera besoin d'aucune table de comparaison pour réduire les anciennes valeurs de sols et deniers en centimes.

Il ne s'agit que de prendre toujours la moitié des sols et deniers que vous avez à réduire en centimes; cette moitié est le nombre de centimes demandé.

Ainsi voulez-vous réduire en centimes 4 s. 6 d? vous dites : la moitié de 4 est 2, la moitié de 6 est 3; donc 4 s. 6 den. valent 23 cent. De-même, 12 s. 2 d., la moitié de 12 est 6, la moitié de 2 est 1; total 61 centimes.

Il faut observer que quand vous avez un reste dans les sols, vous l'ajoutez aux deniers, mais en ne comptant ce reste que pour 10 et non pour 12. Ainsi pour réduire 5 s. 8 d., vous dites : la moitié de 5 est 2 pour quatre ; il vous reste *un*, vous le comptez pour 10, et l'ajoutant aux 8 den., vous dites : la moitié de 18 est 9 ; donc 5 s. 8 den. égalent 29 centimes. De-même, 15 s. 4 den. moitié de 15 est 7, moitié de 14 est 7 ; total, 77 centimes.

Lorsque vous avez un reste dans les deniers, vous le négligez : ainsi, avez-vous 7 s. 5 den. ? vous dites : moitié de 7 est 3, moitié de 15 est 7 1/2 ; vous négligez cette demie, et vous trouvez par conséquent que 7 s. 5 den. valent 37 centimes : de-même, pour 17 s. 9 d. moitié de 17 est 8, moitié de 19 est 9 ; total 89 centimes.

Enfin, quand le nombre des deniers est 10 ou 11, il faut ajouter une unité au nombre de sols qui précède : ainsi, avez-vous 1 s. 10 d., vous dites, la moitié de 2 est 1 ; et, comme vous n'avez pas de deniers, vous ajoutez un zéro, ce qu'il faut faire toutes les fois qu'il ne vous reste pas de deniers qui produisent un second chiffre, et vous trouvez 1 s. 10 d. égalent 10 centimes. Pour 7 s. 11 den. vous dites : moitié de 8 est 4, et ajoutant un 0, parce qu'il ne vous reste pas de deniers, vous trouvez 40 centimes.

En suivant cette méthode infiniment simple et facile, on sera sûr de ne faire d'erreur dans chaque calcul que d'un centime, ou environ.

Mais quand on aura plusieurs calculs à faire, et que l'on voudra additionner le résultat de chacun pour n'en former qu'un total, alors il faudra avoir recours aux tables suivantes.

La première colonne suffira pour l'usage ordinaire et habituel ; mais quand on voudra une précision trés-rigoureuse, il sera mieux de consulter la seconde colonne, où l'on a porté l'exactitude jusqu'aux *dix-millièmes de centime.*

NEUVIEME TABLE.

Monnaies.

§. I.

Réduction des anciennes monnaies, en valeurs de francs et centimes.

	Valeur approchée.		*Valeur exacte.*		
Deniers.	Fr.	Cent.	Fr.	Cent.	dix milliém. de cent.
1	,,	,,	,,	,,	4115
2	,,	1	,,	,,	8230
3	,,	1	,,	1	2346
4	,,	2	,,	1	6461
5	,,	2	,,	2	0576
6	,,	2	,,	2	4691
7	,,	3	,,	2	8807
8	,,	3	,,	3	2922
9	,,	4	,,	3	7037
10	,,	4	,,	4	1152
11	,,	5	,,	4	5267
Sols.					
1	,,	5	,,	4	9383
2	,,	10	,,	9	8765
3	,,	15	,,	14	8148
4	,,	20	,,	19	7531

	Valeur approchée.		Valeur exacte.		dix milliem.
Sols.	Fr.	cent.	Fr.	Cent.	de cent.
5	,,	25	,,	24	6914
6	,,	30	,,	29	6296
7	,,	35	,,	34	5679
8	,,	40	,,	39	5062
9	,,	44	,,	44	4444
10	,,	49	,,	49	3827
11	,,	54	,,	54	3210
12	,,	59	,,	59	2593
13	,,	64	,,	64	1975
14	,,	69	,,	69	1358
15	,,	74	,,	74	0741
16	,,	79	,,	79	0123
17	,,	84	,,	83	9506
18	,,	89	,,	88	8889
19	,,	94	,,	93	8272
Livres.					
1	,,	99	,,	98	7654
2	1	98	1	97	5309
3	2	96	2	96	2963
4	3	95	3	95	0617
5	4	94	4	93	8272
6	5	93	5	92	5926
7	6	91	6	91	3580
8	7	90	7	90	1235
9	8	89	8	88	8889
10	9	88	9	87	6543

CATALOGUE,

PAR ORDRE ALPHABÉTIQUE,

Des ouvrages (brochés) en tout genre, qui se trouvent chez le C. Favre, libraire, Palais du Tribunat, Galeries de bois, N°. 220, Aux-Neuf-Muses, et, à son magasin, rue Traversière-Saint-Honoré, N°. 845, vis-à-vis celle Langlade.

Nota. *Les personnes des Départements, qui desireront recevoir des ouvrages mentionnés dans ce catalogue, ajoûteront un quart en-sus de leur prix; ils les recevront alors, port franc: si l'on voulait les avoir reliés, le prix serait réglé de gré-à-gré.*

On prévient aussi le Public que l'on se charge de toute espèce de commission en librairie, soit pour la France ou l'Étranger.

Les ouvrages nouveaux sont distingués par cette marque (*). Ceux qu'on peut mettre entre les mains de la jeunesse, comme utiles ou agréables, le sont ainsi, (:) les articles qui ont les deux marques, réunissent les deux qualités.

: Abrégé de la Géographie, à l'usage des jeunes personnes; extrait de la géographie de Lacroix; nouvelle édition, augmentée par les changements survenus tant en France que dans les autres parties du monde, 1 vol. in-12, relié en parchemin . . . . 1 f. 50.

A

ABRÉGÉ DE LA GÉOGRAPHIE UNIVERSELLE, par Guthrie ; 1 vol. in-8°. avec cartes. 6 f.

:ABRÉGÉ DE LA GRAMMAIRE FRANÇAISE, de Wailly, 1 vol. in-12, relié en parchemin ; broch. . . . . 1 f. 25 c.

*:ABRÉGÉ DE L'HISTOIRE D'ANGLETERRE, par Goldsmith ; 2 vol. in-8°, portraits, 10 f.

ABRÉGÉ DE L'HISTOIRE DES PLANTES USUELLES, par P. Chomel, dernière édition ; 1 vol in-8°, broché. . . . . 6 f.

*:ABRÉGÉ DE L'HISTOIRE ROMAINE, par Goldsmith ; 1 vol. in-8°, gravures et cartes ; broch. . . . . 5 f.

ABRÉGÉ DES PRINCIPES DE LA GRAMMAIRE FRANÇAISE, par Restaut, 1 vol. in-12, relié en parchemin . . . . 1 f.

ABRÉGÉ DES VOYAGES DE COOK, 3 vol. in-8°, gravures et cartes . . . . 9 f.

ABRÉGÉ du Dictionnaire de l'Académie; [voyez Vocabulaire, page 36)

ACADÉMIE (l') DES JEUX, contenant leurs règles et la manière de les bien jouer ; 3 vol. in-12, figures. . . . . 7 f. 50 c.

A FATHER'S legacy to his Daughters; 1 vl. in-12 broch. . . . . 2 f.

AGRONOME (l'), ou dictionnaire du Cultivateur ; 2 vol. in-8°. . . . . 10 f.

:ALCIBIADE, 4 vol. in-18, gravures, 4 f.

:ALMANACH DES MUSES, pour la nouvelle année ; 1 vol. in-12, gravure, . . . 1 f. 80 c.

AMANTS MALHEUREUX (les), ou le comte de Comminge, 1 vol. in-18, gravure ; 1 f.

:AMI (l') DES JEUNES GENS, ou guide pour les conduire dans la société, 2 vol. in-18, grav . . . . 3 f. 60 c.

AMOURS (les) D'ANAS-ELOUJOUD, ET DE OUARDI, conte traduit de l'Arabe, par

Savary, 1 vol. in-18, jolie édition, imprimé Chez Didot . . . . 75 c.

ARITHMÉTIQUE de Barême, 1 vol. in-12, 2 f. 50 c.

ARITHMÉTIQUE de Legendre, 1 vol. in-12, broch. . . . . .2 f. 50 c.

*ARITHMÉTIQUE MÉTHODIQUE et RAISONNÉE, par Delille, 1 vol. in-8°, ... 5 f.

*ART (l') du blanchiment des toiles, fils et cotons de tout genre, par l'Acide muriatique oxigéné etc, etc ... par Pajot Descharmes, 1 vol. in-8°. . . . . 6 f.

ATALA, ou les amours de deux sauvages dans le désert, par Château-Briant, un vol. in-18 . . . . 1 f. 50 c.

Le même en Italien, ... 1 f. 50 c.

*AVENTURES (les) DE DON-QUICHOTTE DE LA MANCHE, traduit de l'Espagnol, par Florian, 6 vol. in-18, papier fin, ornés de 24 jolies gravures . . . . 18 f.

*LE MÊME, papier ordinaire, avec une vignette à chaque volume . . . . 6 f.

AVENTURES DE TÉLÉMAQUE, 4 vol. in-18, figures, édition de Didot . . . . . 16 f.

AVENTURES DE TÉLÉMAQUE, 2 vol. in-12, portrait . . . . 4 f.

IDEM, 1 vol. in-12, gravures . . . . 2 f.

AVENTURES DE TÉLÉMAQUE, en Italien et en Français, 2 vol. in-12 . . . . . . 6 f.

AVENTURES DE TÉLÉMAQUE, en Anglais et en Français, 2 vol. in-12 . . . . . . 6 f.

BANQUE (la) rendue facile aux principales nations de l'Europe, par Giraudeau, nouvelle édition . . . . 15 f.

BIJOUX (les) DES NEUF-SŒURS, 2 vol. petit in-12, figures . . . . 3 f. 60 c.

*LA BOÎTE A L'ESPRIT, ou la Bibliothèque générale des Anecdotes et des Bons-mots, contenant les Dits et les Faits remarquables des Anciens et des Modernes, et un grand nombre de Variétés curieuses, instructives et amusantes, de tous les genres, 12 vol. in-12, grav. 12 f. pour Paris, et 15 f. pour les Départements.

* Bon (le) Jardinier, Almanach pour la nouvelle année, par de Grace, 1 vol. p. in-12 . . . . 3 f.

* Le Bouquet de Roses, ou le Chansonnier des Grâces, (rédigé par le C. Chazet), 5 vol. in-18, ornés de frontispices, gravés en taille-douce, contenant un choix de Romances, Vaudevilles, Ariettes, Madrigaux, Contes, Fables, etc., tirés du porte-feuille des auteurs les plus estimés dans ce genre . . . . 6 f.

Nota. Chaque recueil se vend séparément, broch. . . . . 1 f. 20 c.

Caractères (les) de la Bruyère, 2 vol. in-12 broch. . . . . 3 f.

* Cent heures d'agonie, ou relation des aventures d'Augustin Delesalle, sous-lieutenant au 3e. régiment de dragons, fait prisonnier par les Arabes, en Syrie, le 23 ventose, an 7; brochure in-8°. . . . . 50 c.

* : Charmes (les) de l'enfance, ou les plaisirs de l'Amour maternel, par Jauffret, 2 vol. in-18, fig. . . . . 5 f.

* : Charmes (les) de la jeunesse, Almanach chantant, pour la nouvelle année, 1 vol. in-32, orné de jolies gravures . 1 f. 20 c.

Chevaliers (les) du Cygne, par Mde. de Genlis, 3 vol. in-12 . . . . 7 f. 50.

Chymie, (voyez Élemens de) page 9.

Collection des petits formats dits Cazin, contenant 292 volumes brochés; (Voyez page 27).

Collection de tous les voyages faits au tour du monde, chez les différentes nations de l'Europe, rédigée par Bérenger, 9 vol. in-8°. avec gravures. . . . . 27 f.

Compère (le) Mathieu, 4 vol. in-18, 12 gravures . . . . 6 f.

Comptes faits, par Barême, 1 vol. in-12 broch. . . . . 2 f. 50 c.

Le même, in-24 . . . . 1 f. 80 c.

Connaissance de la Mythologie, par demandes et par réponses, 1 vol. in-12 3 f.

*Contes moraux, par Marmontel, 5 vol. in-18, gravures . . . . 5 f.

*Idem (les nouveaux) du même auteur, 5 vol. in-18, gravures, ... 5 f.

Contes en prose et en vers, suivis de pièces fugitives et du poëme d'Erminie; par E. F. Lantier, auteur des voyages d'Antenor, 3 vol. in-18, avec trois jolies gravures, 4 f.

Conversations d'Emilie, 2 vol. in-12, 5 f.

Cours complet d'agriculture, par Rozier, 10 vol. in-4° avec plus de 270 planches, 90 f.
Les tomes 9 et 10 chacun séparément, 12 f.

*Cours complets de Mathématiques, à l'usage de l'Artillerie et de la Marine, par Bezout, augmentés du systême des nouveaux poids et mesures, par le citoyen Guillard, ancien professeur de Mathématiques, 10 vol. in-8°. de 4264 pages, imprimés sur papier grand-raisin, avec 65 planches en taille-douce broch. . . . . 52 f.

Ces deux cours se vendent séparément, savoir:

Cours à l'usage de l'Artillerie, 4 vol. in-8°.. broch. . . . . 25 f.

Les tomes 1 et 2 de ce Cours, contenant l'Arithmétique, la Géométrie, la Trigono-

métrie et l'Algèbre, ensemble. 13 f. 50 c.
Les tomes 3 et 4 contenant la Mécanique . . . . 13 f. 50 c. } 27 f.

Cours à l'usage de la Marine, 6 vol. in-8°... broch. . . . . 27 f.

Chaque Traité se vend séparément, savoir:

Tome Ier. Arithmétique.. 3 f.
Tome 2, Géométrie et Trig. 4
Tome 3, Algèbre 5
Tome 4 et 5, Mécanique... 10
Tome 6, Navigation . . . 5
} 27 f.

:Cours d'études de Condillac, contenant la grammaire, l'art d'écrire, l'art de raisonner, l'art de penser, l'étude de l'histoire, l'histoire ancienne et moderne etc., 25 vol. in-18, ornés de planches en taille-douce, et du portrait de l'auteur . . . . . . 25 f.

:Cours d'histoire naturelle, ou tableau de la nature, considérée dans l'homme, les quadrupédes, oiseaux, poissons et insectes, 7 vol. in-12, ornés de 150 planches en taille-douce . . . . 18 f.

:Cours de Latinité par Vanière, 4me. édition, 1799, 3 vol. in-8° . . . . 12 f.

Cuisine (la nouvelle) 3 vol. in-12, gravures broch. . . . . 7 f. 50 c.

Cuisinière bourgeoise, 1 vol. in-12 . 2 f. 50 c.

*Dialogues français, anglais et italiens, sur divers sujets aussi intéressans qu'agréables, extraits des comédies de Molière, ouvrage très-utile a toutes les personnes qui désirent se former au style de la conversation dans ces trois langues, un vol. in-8° . . 2 f.

Dictionnaire Botanique, Pharmaceutique, contenant les principales propriétés des minéraux, végétaux et animaux d'usage, etc. 2 vol. in-8°. broch . . . . 12 f.

Dictionnaire allemand - français, français-allemand, à l'usage des deux nations, par Lavaux. 4 vol. in-8°. . . . . 30 f.

Dictionnaire élémentaire de Botanique, par Bulliard, revu et presqu'entièrement refondu, par L. C. Richard, 1 vol. in-8°. orné de 20 planches gravées en taille-douce, broch. . . . . 7 f.

Dictionnaire de l'Élocution française, contenant les principes de Grammaire, logique, rhétorique, versification, syntaxe, construction, etc. par Fontenay, 2 volumes in-8°. . . . . 12 f.

Dictionnaire français-anglais et anglais-français, par Boyer, nouvelle édition, 2 vol. in-4° . . . . 36 f.

Dictionnaire français-anglais, anglais-français, par Boyer, nouv. édit., 2 v. in-8°. 12 f.

Dictionnaire espagnol - français, français-espagnol, par Séjournan, 2 vol. in-4°. 24 f.

Dictionnaire (nouveau) français-espagnol et espagnol-français, par Gattel, 4 vol. in-8° broch. . . . . 24 f.

Le même, dit de poche, 2 vol, in-8° 6 f.

*Dictionnaire géographique portatif, des quatre parties du monde, traduit de l'anglais par Vosgien, 1 vol. in-8°. . . 6 f. 50 c.

Dictionnaire italien-français et français-italien, par Alberty, 2 vol. in-4° . 36 f.

*Le même dit de poche, petit in-8°, 2 vol. broch. . . . . 6 f.

Dictionnaire latin et français, par Boudot: 1 vol. in-8° . . . . 6 f.

Dictionnaire de la langue française par Richelet, nouvelle édition considérablement augmentée par Wailly, 2 vol. in-8°. 9 f.

*Dictionnaire de la fable, par Noël, 2 vol. in-8° . . . . 12 f.

Dictionnaire de la fable, par Chompré, 1 vol. petit in-12 . . . . 2 f.

Le même, revu par Millin, 1 vol. . 6 f.

Dictionnaire de Ladvocat (supplément au) 1 vol. in-8° . . . . 4 f.

Dictionnaire d'histoire naturelle, par Valmont de Bomare, 15 vol. in-8°. . 54 f.

Dictionnaire historique des grands-hommes, par Feller, 8 vol. in-8° . . . . . 54 f.

Dictionnaire des merveilles de la nature, par Sigaud de la Fond, nouvelle édition, 3 vol. in-8° . . . . 15 f.

Dictionnaire de l'Industrie, ou collection raisonnée des procédés utiles dans les Sciences et les Arts, 6 vol. in-8°. broch. . 25 fr.

Dictionnaire du jardinier, contenant les méthodes les plus sûres, pour cultiver toute espèce de jardins, pépinières etc., par Miller, 10 vol. in-4°. avec gravures . . 100 f.

*Dictionnaire (nouveau) portatif de la langue française, composé sur la dernière édition de l'abrégé de Richelet, par Wailly, entièrement refondu d'après le dictionnaire de l'académie et autres, par Gattel, 2 vol. in-8° . . . . 15 f.

*Dictionnaire (nouveau) de poche, de la langue française, composé sur le système orthographique de Voltaire, par P. Catineau, 1 vol. petit in-8° . . . . 6 f.

Dictionnaire de poche français-anglais, anglais-français, par Nugent, augmenté de plusieurs milliers de mots, d'un dictionnaire de marine etc. etc., 2 vol. p. in-8°. 6 f.

Dictionnaire philosophique de Voltaire, 9 vol in-12 . . . . 18 f.

*DICTIONNAIRE de santé, 3 vol. in-8°. 15 f.

DICTIONNAIRE universel des synonymes français, par Beauzée, Girard, Roubaud etc., 3 vol. in-12 . . . . 7 f. 50 c.

DICTIONNAIRE de synonymes français, par feu Delivay, nouvelle édition, revue et augmentée de plus de moitié, par Beauzée, 1 vol. in-8° . . . . 6 f.

DICTIONNAIRE de l'Académie, cinquième édition, 2 vol. in-4°. . . . . 30 f.

*DON-QUICHOTTE, par Florian, 6 vol. in-18, 24 gravures . . . . 18 f.

Le même, 6 vol., papier ordinaire, avec une gravure en tête de chaque volume, 6 f.

ECOLE du jardin fruitier, par La Bretonnière, 2 vol. in-12 . . . . 6 f.

EDITIONS STÉRÉOTYPES. *Voyez la page* 37.

Elégies de Tibulle, suivies des baisers de Jean second, par Mirabeau l'aîné, avec le texte à-côté, 3 vol. in-8°, ornés de 15 jolies gravures . . . . 12 f.

ÉLÉMENS d'algèbre, de Léonard Euler, traduits par Bernoulli, avec des additions sur l'analyse indéterminée, par Lagrange, 2 vol. in-8° . . . . 12 f.

ELÉMENS de l'art de la Teinture, par Bertholet, 2 vol. in-8° . . . . 9 f.

ELÉMENS de chimie, par Beaumé, 3 vol. in-8°. broch. . . . . 12 f.

ELÉMENS de chimie, par Chaptal, 3 vol. in-8°. broch. . . . . 12 f.

ELÉMENS de chimie, par Fourcroy, 5 vol. in-8° . . . . 20 f.

ÉLEMENS de chimie par Lavoisier 3 vol. in-8°. gravures . . . . 15 f.

ELÉMENS de la grammaire française, par Lhomond, 1 vol. in-12 . . . . 90 c.

Elémens de grammaire générale, appliqués à la langue française, par Sicard, 2 vol. in-8°. broch. . . . . 12 f.

Elémens d'histoire d'Angleterre, par Millot, 3 vol. in-12 . . . . 7 f. 50 c.

Elémens de physique, par Sigaud de la Fond, 4 vol. in-8°, gravures . . . . 24 f.

Emile, ou de l'éducation, par J. J. Rousseau, 4 vol. in-12, gravures, ... 6 f.

Elève d'Epicure, ou choix de Chansons de L. Philipon La Madelaine; précédé d'une notice sur Epicure; et suivi de quelques contes en vers, 1 vol. petit in-12, 1 f. 80 c.

Nota. Les Chansons du citoyen Philipon La Madelaine, coopérateur des dîners du Vaudeville, étant très-souvent citées dans les journaux, nous nous dispensons de tout éloge sur ce joli recueil.

Encore un tableau de Paris, avec cette épigraphe: *C'est une ville vaste, informe, pleine de merveilles; imposante par son immensité; elle a la majesté du chaos, c'est l'abrégé de l'univers, c'est un mélange monstrueux de beautés sublimes et de défauts révoltans.* Bilderbech, 1 vol. in-12 . . . . 1 f. 50 c.

Eraste ou l'ami de la jeunesse, 2 vol. in-8° broch. . . . . 6 f.

Essais de Michel Montaigne, avec l'éloge analytique et historique, par la Dixmerie, 4 vol. in-8°. . . . . 24 f.

Essai sur le blanchiment, avec la description de la nouvelle méthode de blanchir par la vapeur, d'après le procédé du c. Chaptal; R. O'reilly, 1 vol. in-8°. . 6 f. 50 c.

Essai sur l'entendement humain, par Lock, 4 vol. in-12 . . . . 8 f.

Esope en belle humeur, ou fables d'Esope mises en vaud. 1 vol. in-32, grav. . 2 f. 50 c.

*Esprit (l') du bon vieux temps, ou à-bas les calembourgs de Jocrisse et de madame Angot, 1 vol. in-18, grav. . . . . 1 f.

*Etat général des postes aux chevaux et aux lettres, pour la nouvelle année, 1 vol. petit in-8°, à la fin duquel se trouve la carte générale des routes de la République française, broch. . . . . 2 f. 40 c.

Nota. Les Éditeurs ont signé et fait encadrer toutes les pages de cette nouvelle édition, afin que le Public ne soit plus trompé par les fausses éditions, antérieures, et sévèrement prohibées, de cet ouvrage.

Etudes (les) de la nature, par H. Bernardin de Saint-Pierre, 5 vol. in-8.°, gravures, broch. . . . . 25 f.

Fablier (le) des enfants, Choix de fables analogues au goût du premier âge, 1 vol in-12, gravure . . . . 1 f. 20 c.

:Fables d'Antoine Vitalis, 1 vol. in-8°. 3 f.

Fables designed for the instruction and entertainement of youth, by R. Dodsley, a new édition carefully corrected, 1 vol. in-12 1 f. 50 c.

Fables by John Gay, 1 vol. in-12 . . 2 f.

:Fables d'Esope, 1 vol. in-18, grav. 1 f. 50 c.

Les même, 1 vol. in-12, gravures en bois. 3 f.

:Fables de la Fontaine, 2 vol. in-12, gravures en bois . . . . 5 f.

:Fables choisies de la Fontaine, 2 vol. in-12, avec gravures, broch . . . . . 4 f.

*Fêtes, (les) Danses et Courtisannes de la Grèce, ou Supplément aux *Voyages du jeune Anacharsis* et à ceux *d'Antenor*; comprenant: 1°. La Chronique Religieuse des anciens Grecs, Tableau de leurs mœurs publiques; 2°. La Chronique qu'aucuns nommeront scandaleuse, Tableau de leurs mœurs privées; enrichi d'un almanach Grec; de chants anacréontiques, musique de *Méhul;* et de gravures d'après l'antique, sur les dessins de *Garnerey*, élève de *David.* 4 vol. in-8°., avec cinq planches gravées en taille-douce, et de la musique . . 20 f.

*FLORE des jeunes personnes, ou lettres élémentaires sur la Botanique, écrites par une Anglaise à son amie, et traduites de l'anglais, par *Octave Ségur*, 1 vol. in-12 avec 12 planches très-bien gravées, 3 f. 60 c. en noir, et avec les planches enluminées . 7 f. 50 c.

*FLORE (la) des environs de Paris par Thuillier, 1 vol. in-8° . . . . 6 f.

*GÉOGRAPHE-MANUEL, par Comeiras, 1 vol. in-8° . . . . 2 fr. 50 c.

:GÉOGRAPHIE moderne, par R. Lacroix, 2 vol. in-12 . . . . 5 f.

GRAMMAIRE anglaise et française, par Siret, 1 vol. in-8° . . . . 2 f. 50 c.

GRAMMAIRE anglaise et française, par Boyer, 1 vol. in-12 . . . . 2 f 50 c.

GRAMMAIRE anglaise de Peyton, 1 v. in-12, 2 f 50 c.

*GRAMMAIRE Anglaise, simplifiée et réduite à 21 leçons, per Vergani, 1 vol. in-12, broch. . . . . 2 f.

*GRAMMAIRES raisonnées et comparées des langues française et anglaise, par Salavy-Dufresnoy, 1 vol. in-8° . 2 f. 50 c.

*THÊMES français et anglais, faisant suite à ces Grammaires, par le même, 1 vol. in-8° . . . . 2 f.

GRAMMAIRE et dictionnaire pour apprendre à parler avec pureté le français, et en faire une langue de communication avec tous les peuples, par Lairas, 1 vol. in-8° . 6 f.

GRAMMAIRE (nouvelle) allemande, par Junker et Gottsched, 1 vol. petit in-8° . 3 f. 50 c.

Grammaire (nouvelle) espagnole et française, par Sobrino, 1 vol. in-8° . . . . 5 f.

La même, 1 vol. in-12 . . . . 2 f. 50 c.

Grammaire française, par Condillac, 1 vol. in-12 . . . . 2 f. 50 c.

Grammaire française apprise en huit leçons, par Prévost-St.-Lucien, 1 vol. in-12, 1 f. 75 c.

Grammaire française, par Restaut, 1 vol. in-12 . . . . 2 f. 50 c.

Grammaire française et portugaise, par Syret, 1 vol. in-8° . . . . 2 f. 50 c.

Grammaire française, simplifiée par Urbain-Domergue, 1 vol. in-12 . . . . . 2 f.

Grammaire française, par Wailly, 1 vol. in-12 . . . . 2 f. 50 c.

Grammaire italienne et française, par Véneroni, 1 vol. in-8° . . . . 5 f.

La même in-12 . . . . 2 f. 50 c.

Grammaire Italienne, simplifiée par Vergani, 1 vol. in-12 . . . . . 1 f. 50 c.

Grammaire latine, par Lhomond, 1 vol. in-12 broch. . . . . 1 f. 50 c.

*Guerre (la) des Dieux, poëme en dix chants, par Parny, 1 vol. in-18 . . . . 1 f. 25 c.

*Guide (le) du promeneur aux Tuileries, ou description du Palais et du jardin national des Tuileries ; orné de soixante gravures, représentant tous les marbres et bronzes qui les embellissent . . . . 1 f. 80 c.

*Histoire de Catherine II, *impératrice de Russie*, par J. Castéra, 3 vol. in-8°. ornés de treize portraits et de deux belles cartes de la *Russie* et de la *Pologne*, avec les différens partages de ce royaume. . . 17 f.

Le même ouvrage en 4 vol. in-12, sans portraits ni cartes . . . . 9 f.

Histoire de Cléveland, ou le philosophe anglais, 6 vol. in-12, ornés de grav. 12 f.

GRAMMAIRE des Dames, par Barthelemy, dernière édition, 1 vol, in-8° . . . . 5 f.

HISTOIRE de la décadence de l'empire romain, par Gibbon, 18 vol. in-8° . . . 90 f.

HISTOIRE de la Grèce, depuis son origine jusqu'à la mort d'Alexandre, par GoldsMith, deux vol. in-8°. enrichis de deux cartes, broch. . . . . 8 f. 50 c.

*:HISTOIRE de Don-Quichotte, 4 vol. in-8°, gravures . . . . 18 f.

*:HISTOIRE de France, par Le Ragois, 2 vol. in-12, portraits . . . . 3 f.

HISTOIRE de Gilblas de Santillane, 6 vol. in-18, gravures . . . . 6 f.

HISTOIRE du monde primitif, par de-Salle-de-Lille, auteur de la Philosophie de la Nature, 7 vol. in-8° . . . . 35 f.

HISTOIRE des naufrages, 3 vol. in-8°, gravures broch. . . . . 7 f. 50 c.

*HISTOIRE naturelle, générale et particulière, par Leclerc de Buffon; nouvelle édition, accompagnée de notes; les supplémens sont insérés dans le premier texte, à la place qui leur convient. L'on y a ajouté l'histoire naturelle des quadrupèdes et des oiseaux, découverts depuis la mort de Buffon, celle des reptiles, des poissons, des insectes et des vers; enfin l'histoire des plantes dont ce grand naturaliste n'a pas eu le temps de s'occuper. Ouvrage formant un cours complet d'histoire naturelle, rédigé par C. S. Sonnini, membre de plusieurs sociétés savantes; soixante-dix vol. grand in-8.° imprimés sur beau papier, avec plus de 1,300 planches.

Le prix de chaque vol., pris à Paris, est de 5 francs, figures en noir, et 10 fr. figures coloriées, pour les souscripteurs.

Nota. Il y a soixante-huit volumes qui paraissent, et l'on continuera d'en faire paraître 2 par mois, jusqu'à la fin dudit ouvrage.

*Histoire naturelle de Buffon, par René-Richard Castel, 65 vol. grand in-18, ornés de plus de 900 planches représentant environ 3500 sujets, de la plus belle exécution. 172 f.

Le même ouv. grav. coloriées . . . . . 280 f.

Histoire philosophique et politique de l'établissement et du commerce des Européens dans les deux Indes, par Raynal, 10 vol. in-8°. et atlas . . . . 72 f.

*Histoire politique et philosophique de la révolution de l'Amérique septentrionale, par les cit. J. Chas et LeBrun, 1 vol. in-8°. broch . . . . 4 f.

Histoire des révolutions d'Angleterre, par le Père d'Orléans, 6 vol. in-8° . . 18 f.

Le même, avec la suite, par Turpin, 6 vol. in-12, avec cartes . . . . 15 f.

Histoire des révolutions de Portugal, par Vertot, 1 vol. in-12 . . . . 2 f.

Histoire des révolutions Romaines, par Vertot, 3 vol. in-12 . . . . 7 l. 50 c.

Les mêmes, Paris 1796, 6 vol. in-18, jolie édition . . . . 5 f.

Histoire des révolutions de Suède, par Vertot, augmentée de la révolution de 1772, par Schéridan, 3 vol. in-12 . . . . . 7 f. 50 c.

Histoire de Tristan de Lénonois, de la reine Yseult et de Huon de Bordeaux, par Tressan, 3 vol. in-18, papier fin, ornés de 8 jolies gravures . . . . 12 f.

*Historiettes et conversations, à l'usage des enfans qui commencent à épeler, et à lire couramment, suivies de Lydie Gersin, 5 vol. in-18 . . . . 3 f. 60 c.

:Horace, traduit par le Batteux, 2 v. petit in-12 rel . . . . 5 f.

Homere (l'Iliade et l'Odyssée, d') traduites en vers français, par Rochefort, 5 vol. in-8°, ornés de 51 gravures en taille-douce, 24 f.

Jardin (le) des enfans, ou bouquets de famille, complimens, etc. 1 volume in-18, gravure . . . . 1 f.

Jérusalem délivrée, poëme du Tasse, traduit par Lebrun, orné d'une gravure, à chaque chant, 2 vol. in-8° . . . . 15 f.

Jeu (le) des échecs, 1 vol. in-18, grav. 1 f. 20 c.

Langue (de la) des Calculs, par Condillac, 1 vol. in-8°. . . . . 6 f.

Lettres familières de Fabre d'Eglantine, 3 vol. in-18 . . . . 3 f. 50 c.

Letters of the lady Montaigu, 1 vol. p. in-12 . . . . 2 f.

*Lettres de Mme. et Mlle. de Sévigné, 1 vol. in-12 . . . . 2 f. 50 c.

Lettres de Milady Juliette Catesby, à Milady Camplay, en français et en anglais, 1 v. petit in-12 . . . . 2 f. 50 c.

Lettres originales de Mirabeau, 8 vol. in-18. broch. . . . . 10 f.

Lettres d'une Péruvienne, en Français et en Italien, un vol. in-12 . . . . 2 f. 50 c.

Les mêmes en italien . . . . 1 f. 80 c.

Lettres sur l'Egypte, par Savary, 3 vol. in-8°. cartes . . . . 10 f.

Lettres sur la Grèce, par Savary; 1 vol. in-8°. avec la carte géographique des parties de l'Asie-Mineure, et des Isles de la Grèce que l'auteur a visitées, ainsi que le plan du labyrinthe de Cnose, tirées d'une pierre antique. Édition originale, augmentée d'une table des matières renfermées dans ledit ouvrage . . . . 3 f.

Lettres sur l'Italie, par Dupaty, 5 vol. in-18, ornés de jolies gravures . . 4 f. 50 c.

Liaisons (les) dangereuses, 4 vol. in-18, avec gravures . . . . 6 f.

Lucina sine concubitu, Lucine affranchie des lois du concours, ou le plaisir sans peine : ouvrage singulier, dans lequel il est pleinement démontré, par des preuves tirées de la théorie et de la pratique, qu'une femme peut concevoir et enfanter sans le commerce de l'homme, 1 vol. in-18 . . . . 1 f.

*Lyre (la) d'Anacréon, (rédigée par le citoyen Chazet), 4 vol petit in-12, ornés de frontispices, gravés en taille-douce, contenant un choix de Romances, Vaudevilles, Rondes de table, et ariettes des pièces de théâtre les plus nouvelles et les meilleures, et dont tous les airs sont notés, à la fin desdits volumes . . . . 8 fr.

Nota. Chaque volume se vend séparément. 2 fr.

*Maison (la nouvelle) rustique, 3 vol. in-4°., ornés de 60 planches représentant plus de 1,000 sujets d'agriculture, jardinage, économie rurale, etc. . . . . 42 fr.

Maison (petite) rustique; ou Cours théorique et pratique d'agriculture, d'économie rurale et domestique, 2 vol. in-8°. ornés de 12 planches, broch . . . . . 12 f.

Maitre-d'Hotel Confiseur, 1 vol. in-12, broch. . . . . 2 fr. 50 c.

Maitre-d'Hotel Cuisinier (science du) 1 vol. in-12 . . . . 2 f. 50 c.

Magasin des enfans, par madame de Beaumont, 4 vol. in-18, ... 4 f.

Manuel d'Épictète, 1 vol. in-8° . . 3 f.

*Manuel du jardinier, 2 vol. in-12, gravure broch. . . . . 4 f.

MANUEL des officiers de bouche, 1 vol. in-12, broch. . . . . 2 f. 50 c.

*MANUEL du voyageur à Paris, contenant la description des Spectacles, Manufactures, Etablissemens publics, Jardins, Cabinets curieux, les Foires de la république, et en général tout ce que les Etrangers peuvent desirer de connaître ; 1 vol. in-18 . . 1 f. 50 c.

*MARINGO, ou campagne d'Italie par l'armée de réserve, commandée par le général Bonaparte, écrite par Joseph Petit, fourrier des grenadiers à cheval de la garde des Consuls, seconde édition, revue, corrigée et augmentée de plusieurs chapitres, ainsi que du tableau indicatif des noms de tous les militaires qui ont reçu des brevets et armes d'honneur accordés pour actions d'éclat, 1 vol. in-8°., gravure . . . . . . 2 f. 25 c.

*MÉMOIRES historiques sur la campagne du Général en chef Brune en Batavie, du 5 fructidor, an VII, au 9 frimaire, an VIII, rédigés par un officier de son état-major, 1 vol. in-8°. broch. . . . . 2 f.

:MÉTAMORPHOSES d'Ovide, traduites en français, par Bannier, 4 vol. in-8°. ornés de 16 gravures. . . . . 25 f.

Les mêmes, 4 vol. in-12. . . . . 8 fr.

METASTASIO (opere di) 12 vol. in-18, portrait. . . . . 24 f.

MÉTHODE latine de Port-Royal, 1 vol. in-12, broch. . . . . 2 f.

:MORALE (la) en action, 2 vol. in-12. 6 f.

*:MYTHOLOGIE (la) mise à la portée de tout le monde, 12 vol. in-18, ornés de 100 gravures coloriées. . . . . 54 f.

Le même, gravures en noir. . . 36 f.

NÈGRE (le) comme il y a peu de blancs, 3 vol. in-18, gravures . . . . 3 f.

Néologie, ou vocabulaire des mots nouveaux etc. par Mercier, auteur du tableau de Paris ; 2 vol. in-8°, ornés du portrait de l'auteur . . . . 9 f.

Nouveau Barême, ou Tables de réduction des monnaies et mesures anciennes, en monnaies et mesures républicaines analogues. Ouvrage utile aux Notaires, Propriétaires, Hommes de loi, Huissiers-priseurs, Arpenteurs et marchands de toutes les classes ; 1 vol. in-18, huitième édition, revue, corrigée et augmentée . . . . 75 c.

*Nouvelle** Encyclopédie littéraire, ou Dictionnaire de littérature, de morale et de politique, rédigé par une société de Gens de lettres ;

Conditions de la souscription pour Paris.

Cet Ouvrage, dont la première livraison s'est faite, le premier Vendém. an 10, formera six volumes in-8°. de 500 pages, chacun, plus ou moins, et continuera d'être livrée, le premier de chaque mois, par cahiers de 160 pages ou dix feuilles, à-raison d'un franc cinquante centimes pour ceux qui auront souscrit.

A quelqu'époque qu'on se présente pour souscrire, toutes les livraisons qui auront paru, seront payées sur le pied d'un franc cinquante cent. pour chacune. On payera en-outre 4 fr. 50 cent., qui resteront entre les mains des libraires associés, à valoir sur les trois dernières livraisons dudit ouvrage ; et l'on recevra un bon de 4 fr. 50 cent. signé des cit. *Favre*, *Brochot* père et *Compagnie*.

Les non-souscripteurs payeront chaque livraison 2 francs.

Conditions de la Souscription pour les Départ.

Les personnes qui souscriront, payeront deux

francs par chaque livraison, rendue port franc; et elles avanceront, comme les souscript urs de Paris, 4 fr. 50 cent., dont elles seront remboursées par les trois dernières livraisons, qu'elles recevront, sur un bon de la même somme, signé des cit. *Favre*, *Brochot* père et *Compagnie*, qui leur aura été délivré, lors de la souscription.

Les habitans des Départemens qui souscriront par des personnes interposées chargées de remettre le prix des livraisons qui auront paru, et les 4 fr. 50 cent. qui se payent par avance, à quelqu'époque qu'on se présente, payeront sur le même pied que les habitans de Paris.

NYMPHOMANIE par Bienville, 1 vol. in-18 broch. . . . . 1 f.

:OFFRANDE (l') du sentiment, ou le Secrétaire de l'enfance, choix de bouquets et de complimens pour la nouvelle année, 1 vol. in-32, broch. . . . . 50 c.

ONANISME (l') par Tissot, 1 vol. in-12, broch. . . . . 2 f.

OPÉRATION des changes, par Ruelle, 1 vol. in-8° . . . . 6 f.

:ORNEMENS de la mémoire, 1 vol. petit in-12, broch . . . . 2 f.

:ŒUVRES de Berquin, 16 vol. in-18, 12 f.
Le même, 28 vol. in-18. grav. . 24 f.

ŒUVRES de Boileau, 1 vol. in-8°., orné du portrait de l'auteur . . . . 4 f.

Le même, 1 vol. petit in-12 . . . . . . 2 f.

ŒUVRES de Boulanger, 8 vol. in-8° . 30. f.

ŒUVRES de Brantôme, 8 vol. in-8°. édition de Bastien. . . . . 30 f.

ŒUVRES de Buffon, (voyez Histoire naturelle, pages 14 et 15.)

Œuvres choisies de Dorat, 5 vol. petit in-12, broch. . . . . 4 f. 50 c.

Œuvres de Condillac, 23 vol. in-8°., gravures . . . . 100 f.

Le même, 35 vol. in-18 . . . . 36 f.

Œuvres de Diderot, 15 vol. in-12, ornés du portrait de l'auteur, et autres gravures, broch. . . . . 36 f.

Œuvres de Fielding, 23 vol. in-18 . 18 f.

Œuvres de Florian, 21 vol. in-18, ornés de gravures, édition originale, imprimée par Didot. . . . . 63 f.

Œuvres de Fréret, 4 vol. in-8°. édition de Bastien. . . . . 18 f.

Œuvres de Cazotte, 7 vol. in-18; gravures, broch. . . . . 10 f. 50 c.

Œuvres de Grécourt, 4 vol. petit in-12, gravures. . . . . 8 f.

Œuvres d'Helvetius, 5 vol. in-8°. ornés du portrait de l'auteur, ... 20 f.

Le même, 10 vol. petit in-12, . 12 f.

Œuvres d'Homère, traduction de Bitaubé, 14 vol. in-18, gravures. . . . 21 f.

Œuvres de Léonard, 3 vol. in-8°. . 10 f.

Œuvres de Mably, 15 vol. in-8°. . 36 f.

Le même, 24 vol. in-18 . . . . 18 f.

Œuvres de madame du Bocage, 2 vol. in-18 broch. . . . . 4 f.

Œuvres de madame et de mademoiselle Deshoulières, 2 vol. in-8°. ornés du portrait des auteurs . . . . 12 f.

Œuvres de Maître François Rabelais, 3 vol. in-8°. ornés de 76 gravures . . . 18 f.

Œuvres de Mancini-Nivernois, publiées par l'auteur, 8 vol. in-8°., portrait . . 33 f.

Œuvres de Molière, 8 vol. petit in-12, broch. . . . . 16 f.

ŒUVRES de Montesquieu, 12 vol. in-18, édition de Didot . . . . 30 f.

ŒUVRES de Pope, traduites en français, augmentées du texte anglais, mis à-côté des meilleures pièces, et ornées de belles gravures, 8 vol. in-8°. . . . . 30 f.

*ŒUVRES posthumes de Florian, 1 vol. in-18, 4 gravures . . . . 3 f.

Le même, papier ordinaire, une gravure, broch. . . . . 1 f.

ŒUVRES de l'Abbé Prévost, 39 vol. in-8°., ornés de gravures . . . . 175 f.

ŒUVRES de Regnard, 4 vol. in-8°., ornés de gravures . . . . 24 f.

ŒUVRES de J. J. Rousseau, 38 vol. in-8°., ornés de gravures . . . . 154 f.

Le même, 33 vol. in-12. . . . . . . 36 f.

Le même, 37 vol. petit in-12 . . . 60 f.

ŒUVRES de Tacite, par la Bletterie et Dotteville, avec le texte latin à-côté, 7 vol. in-12. . . . . 18 f.

ŒUVRES de Tressan, 12 vol. in-8°., ornés de gravures . . . . 48 f.

ŒUVRES de Vadé, 6 vol. petit in-12 . 7 f. 50 c.

-Poissardes, du même, 1 vol. in-18, gravures, broch . . . . 2 f.

ŒUVRES de Vauvenargues, 2 vol. in-12. 4 f.

ŒUVRES de Virgile, traduites en français, avec le texte à-côté, par Desfontaines, 4 vol. in-8°. ornés de belles gravures. . . . . 30 f.

ŒUVRES de Voltaire, édition de Beaumarchais, 70 vol. grand in-8°., ornés de 109 gravures, broch.. . . . . 550 f.

Les mêmes, 90 vol. in-12, sans gravures, broch.. . . . . 160 f.

PAMÉLA, ou la Vertu récompensée, traduit de l'anglais, par Prévost, 12 vol. in-18, gravures . . . . 12 f.

*Paul and Virginia, 1 vol. in-12 . . 1 f. 50 c.

Pharsale de Lucain, (la) traduite en vers français, par Brébeuf, 2 vol. in-8°., gravures, ... 9 f.

Philosophie chimique, par Fourcroy, in-8°. broch. . . . . 1 f. 80 c.

Philosophie de la Nature, par de-Salle-de-Lille, 7 vol. in-8°. . . . . 35 f.

*Plantes (les), poëme, par René-Richard Castel, 1 vol. in-18, orné de 5 jolies gravures . . . . 3 f.

Politique de tous les Cabinets de l'Europe, pendant les règnes de Louis XV et de Louis XVI; contenant des pièces authentiques sur la correspondance secrète du Comte de *Broglie;* — Un Ouvrage sur la situation de toutes les Puissances de l'Europe, dirigé par lui et exécuté par *M. Favier;* — Les Doutes sur le Traité de 1756, par le même; — Plusieurs Mémoires du Comte *de Vergennes*, de M. *Turgot*, etc. Manuscrits trouvés dans le cabinet de Louis XVI, *seconde édition*, considérablement augmentée de Notes et Commentaires, et d'un Mémoire sur le Pacte de Famille; par *L. P. Ségur l'aîné*, ex-Ambassadeur, 3 vol. in-8°., broch. . . . . 12 f.

Précis de l'Histoire universelle, par Anquetil, 12 vol. in-12. . . . . 36 f.

Quadrille (le) des enfans, 1 vol. in-8°., broch. . . . . 2 f.

Principes de Littérature, par le Batteux, 6 vol. in-12 . . . . 12 f.

Prose Italiane, Sopra diversi soggetti piacevoli ed istruttivi, scelte da Angelo Vergani per uso degli studiosi di questa lingua, 1 vol. in-12. . . . . 2 f.

Recueil d'A, jusques et compris Z, 24 vol. in-12. . . . . 30 f.

Récréations physiques et mathématiques, par Guyot, 3 vol. in-8°., ornés de beaucoup de gravures . . . . 15 f.

Révolutions, (voyez Histoire des) pag. 15.

Sagesse, (de la) par Charron, 2 vol. in-8°., édition de Bastien . . . . 8 f.

:Science des jeunes négocians et teneurs de livres, ou Cours complet d'instructions élémentaires sur les opérations de commerce en marchandises et en banques, par Laporte, édition corrigée et augmentée, par G. Migneret, 2 vol. in-8°. . . . . 12 f.

:Science des négocians, par Laporte, 1 vol. in-8°., oblong. . . . . 6 f.

Spectacle (le) de la nature, suivi de l'Histoire du Ciel, par Pluche, 11 vol. in-12, ornés de 124 planches. . . . . . 30 f.

Spectacle (nouveau) de la nature, par Chevignard, 2 vol. in-8°. . . . . 9 f.

*Synonymes français par Diderot, d'Alembert et de Jaucourt, suivis d'une table alphabétique, dans laquelle on trouve les renvois des différentes significations qui conviennent à chaque synonyme, 1 vol. in-12 . 2 f. 50 c.

Synonymes français, par Girard, nouvelle édition, revue et augmentée par Beauzée, 2 vol. in-12 . . . . 5 f.

Synonymes français, par Rouhand, 4 vol. in-8°. . . . . 1 f. 75 c.

Syntaxe, par Prévost-St.-Lucien, 1 vol. in-12 . . . . 1 f. 75 c.

*Tableau historique et politique de l'Europe, depuis 1786 jusqu'en 1796, où se trouve l'Histoire des principaux événements du règne de F. ic Guillaume II, roi de Prusse, et un Précis des révolutions du Brabant, de Hollande, de Pologne et de France, par *L. P. Ségur l'aîné*, seconde édition, revue et corrigée, 3 vol. in-8°., avec le portrait de F. Guillaume II . . . 12 f.

TARIF du prix des glaces, comparé avec les nouvelles dénominations des prix et des mesures républicaines analogues, 1 vol. in-18 . . . . 1 f. 50 c.

*THÉATRE de Catherine II, Impératrice de Russie, composé par cette Princesse, publié par *L. P. Ségur*, l'aîné, etc. 2 vol. in-8°., ornés du portrait de Catherine II, broch.. . . . . 9 f.

THÉATRE de Voltaire, 9 vol. in-12 . . 15 f.

THE adventures of the Telemachus, 1 vol. in-12 . . . . 2 f. 50 c.

*THE beauties of english poetry, or a collection of poems, extracted from the best authors, 1 vol. in-12 . . . . 2 f. 50 c.

*THE beauties of the spectator, english and french, 1 vol. in-12. . . . . 3 f. 50 c.

*THE english instructor, or useful and entertaining passages in prose, selected from the most eminent english writers. and designed for the use and improvement of those who learn that language, 1 vol. in-12, broch. . . . . 2 f. 50 c.

TRAITÉ des abeilles, par Della-Rocca, 3 vol. in-8°., gravures . . . . 9 f.

TRAITÉ complet des odeurs, par Déjean, 1 vol. in-12 . . . . 2 f. 50 c.

TRAITÉ élémentaire de chimie par Lavoisier (voyez éléments page 9.)

TRAITÉ élémentaire de statique, à l'usage des écoles de la Marine, par G. Monge, 1 vol. in-8°., gravures. . . . . . 5 f.

TRAITÉ élémentaire de physique par Brisson, 4 vol. in-8°. . . . . 24 f.

*TRAITÉ général du commerce, par Ricard, nouvelle édition, 3 vol. in-4°. avec tableaux, broch. . . . . 36 f.

*TRAITÉ de l'orthographe française, en forme de dictionnaire, revu, corrigé, augmenté et prosodié, d'après les principes de d'Olivet, par C. T. Roger, 2 vol. in-8°., broch. . . . . 12 f.

Le même, par Restaut, 1 vol. in-8°. . 6 f.

*UN mot sur tout le monde, ou la Revue de Paris, pour l'an X, almanach chantant, par les auteurs des dîners du vaudeville, 1 vol. in-18, papier fin . . . . . . 1 f. 50 c.

Le même papier ordinaire . . . . 1 f.

Worcks (the) of ossian, the son of Fingal translated by J. Macpherson, 4 vol. in-12, broch. . . . . 12 f.

*VOYAGE d'Antenor en Grèce, quatrième édition, 3 vol. in-8°. 5 gravures . . 11 f.

Le même, 5 vol. in-18, gravures. . 7 f.

:VOYAGE au jardin des plantes, contenant la description des Galeries d'histoire naturelle, des serres où sont renfermés les arbrisseaux étrangers, avec l'histoire des animaux de la ménagerie nationale, par Jauffret, 1 vol. in-18, 2 gravures, papier fin . . . . 1 f. 80 c.

VOYAGES autour de ma chambre, 1 vol. in-18, broch. . . . . 1 f. 20 c.

VOYAGES autour du monde, par Dixon, 2 vol. in-8°., gravures. . . . . 10 f.

VOYAGE du jeune Anacharsis en Grèce, par J. J. Barthelemy, dernière édition, 7 vol. in-8°. , et Atlas . . . . 48 f.

Le même, 7 vol. in-12, et Atlas . . 27 f.

VOYAGES (les deux) de Levaillant, dans l'in

térieur de l'Afrique par le Cap de Bonne-Espérance, nouvelle édition, ornée de 24 gravures, et d'une grande carte de Levaillant, pour l'intelligence de ses voyages; broch. . . . . 36 f.

Voyage de Paris à St.-Cloud par mer, et retour de St.-Cloud à Paris par terre, nouvelle édition, deux parties en un vol. 2 grav . . . . 1 f. 20 c.

Nota. L'originalité et le style plaisant de cet ouvrage, le font toujours lire avec plaisir.

Voyage en Italie, de l'Abbé Barthelemi, 1 vol. in-8°; broch. . . . . 5 f.

Voyages en Syrie et en Egypte, pendant les années 1783, 84 et 85, par Volney, 2 vol. in-8°. gravures . . . . 12 f.

Voyageur français, (le) ou la Connaissance de l'Ancien et du Nouveau monde, par l'abbé de Laporte, 42 vol. in-12, 48 fr.

Collection des petits formats Cazin, contenant 292 volumes brochés; elle comprend les ouvrages suivants :

:Aventures de Robinson Crusoé, 4 vol. avec figures . . . . 8 f.

:Aventures de Télémaque, par Fénélon, 3 vol . . . . 6 f.

Amours de Daphnis et Chloé, 1 vol. figure... broch. . . . . 2 f.

Amours de Psyché et de Cupidon, par La Fontaine, 1 vol. . . . . 2 f.

Amours d'Ismène et d'Isménias, en français, 1 vol . . . . 2 f.

Le même ouvrage, en anglais, 1 v. 2 f.

2

ANALYSE de la Sagesse de Charron, 2 v. 4 f.
AMINTE (l') du Tasse, traduit en français, 1 v. . . . . 2 f.
ART (l') d'aimer d'Ovide, 1 vol. fig. 2 f.
AUTANT en emporte le vent, 1 v. . . 2 f.
:BÉLISAIRE . par Marmontel, 1 v. fig. 2 f.
BONHEUR (le), poëme, par Helvétius, avec le portrait, 1 vol. . . . . 2 f.
BIJOUX indiscrets, 2 vol. fig. . . . . 4 f.
CLARISSE Harlowe, trad. par l'abbé Prévost, 11 vol. avec 22 fig. . . . . 22 f.
CARACTÈRES de Théophraste et de la Bruyère, 3 vol. avec le portrait . . . . . . 6 f.
CHOIX de poésies érotiques, trad. du grec, 2 vol. fig. . . . . 4 f.
CHANSONNIER français, 6 vol. . . . 12 f.
AIRS notés pour le même ouvrage, 1 vol. oblong . . . . 2 f.
:CHEFS-D'ŒUVRE de P. et de T. Corneille, 5 vol. avec les deux portraits. . . . . . 10 f.
CONSIDÉRATIONS sur les mœurs, par Duclos, 1 vol. avec le portrait . . . . . . 2 f.
CONTES de la Fontaine, 2 vol. . . . 4 f.
COUSIN (le) de Mahomet, 2 vol. avec figures broch. . . . . 4 f.
DUNCIADE (la) par Palissot, 1 vol. avec le portrait . . . . 2 f.
ENTRETIENS de Phocion, par Mably, 1 v. 2 f.
EVELINA, par miss Burney, 3 vol. . 6 f.
FLÈCHES d'Apollon, 2 vol . . . . . . 4 f.
FOND [le] du Sac, 2 vol. fig. . . . . 4 f.
GENEVIÈVE de Cornouailles, 1 vol. fig. et musique . . . . 2 f.
:HENRIADE (la) de Voltaire, 1 vol. avec le portrait . . . . 2 f.
HENRIADE (la) travestie, 1 vol. . . . 2 f.
HISTOIRE du chevalier Grandisson, par Ri-

chardson, trad. par l'abbé Prévost, 7 vol. figures. . . . . 14 f.

:Histoire de Gilblas de Santillane, par le Sage, 4 vol. et 28 fig. . . . . 8 f.

Histoire de Gusman d'Alfarache, par Le Sage, 2 vol. fig. . . . . 4 f.

Hymne au soleil, poëme, par l'abbé de Reyrac, 1 vol. avec le portrait . . . . . . 2 f.

Les jardins, poëme, par Delille, 1 vol. fig. broch. . . . . 3 f.

Laure, ou lettres de quelques personnes de la Suisse, 5 vol. fig. . . . . . . 10 f.

Laure et Felino, 1 vol. . . . . 2 f.

Lettres d'Héloïse et d'Abélard, 2 vol. avec portraits . . . . 4 f.

Lettres de Ninon Lenclos, 2 vol. avec le portrait . . . . 4 f.

Maximes et réflexions de la Rochefoucauld, 1 vol. avec le portrait. . . . . 2 f.

Mémoires de Grammont, 2 vol. . . 4 f.

Mémoires de madame de Staël, 3 vol. avec le portrait. . . . . 6 f.

Morale de Confucius, 1 vol. avec le portrait broch. . . . . 2 f.

J. Meursii Elegantiæ latini Sermonis, 2 vol. fig. . . . . 4 f.

Neveu de Vadé [le petit] 1 vol. . . 2 f.

Olinde, 1 vol. . . . . 2 f.

Œuvres de Bérenger, 2 vol. fig. . . 4 f.

Œuvres de Boufflers, ... 1 vol. 2 f.

Œuvres de Bernard, contenant son Art d'aimer et autres pièces, 1 vol. . . . 2 f.

Œuvres du cardinal de Bernis, 2 vol. avec le portrait . . . . 4 f.

Œuvres de Bertin, 2 vol. . . . . . . 4 f.

Œuvres de Boileau, 2 vol. avec le portrait broch. . . . . 4 f.

ŒUVRES de Collardeau, 3 vol. avec le portrait broch. . . . . 6 f.

ŒUVRES de Crébillon, 3 vol. avec le portrait broch. . . . . 6 f.

ŒUVRES choisies de Chaulieu, 2 vol. avec le portrait . . . . 4 f.

ŒUVRES de Deshoulières, 1 vol. avec le portrait broch. . . . . 2 f.

ŒUVRES de Valentin Jamerai Duval, 3 vol. avec le portrait . . . . 6 f.

ŒUVRES de Fielding, traduit de l'anglais, 18 vol. contenant :

AMÉLIE, 5 vol.	10 f.	36
RODERIK Randon, 4 vol.	8	
DAVID le Simple, 3 vol.	6	
JOSEPH ANDREWS, 3 vol.	6	
JONATHAN WILD, 2 vol.	4	
JULIEN l'Apostat, ou voyage dans l'autre monde, 1 vol.	2	

Nota. Chaque ouvrage se vend séparément.

ŒUVRES choisies de La Fontaine, 1 vol. 2 f.

ŒUVRES de Fontenelle, 7 vol. fig. et portrait, dont tous les ouvrages se vendent séparément ; savoir :

ELOGE des Académiciens 4 vol. . .	8 f.	14
PLURALITÉ des mondes, avec les Dialogues des morts, 2 vol. fig. . . .	4	
HISTOIRE des Oracles avec le choix de poésies, 1 vol.	2	

ŒUVRES de Grécourt, 4 vol . . . . . . 8 f.

ŒUVRES de Gessner, traduites de l'allemand, 3 vol. avec le portrait . . . . 6 f.

ŒUVRES de mad. de Graffigni, contenant ses Lettres Péruviennes, 2 vol. . . . . 4 f.

ŒUVRES de Gresset, 2 v. fig . . . . . 4 f.

ŒUVRES de Montesquieu, avec le port., 7 vol. qui se vendent séparément ; savoir :

Esprit des lois, 4 vol. . . . . . 8 f.
Lettres persanes, 2 vol. . . . 4
Grandeur des Romains, 1 vol. . 2 } 14

Œuvres de Méro, 1 vol. avec le portrait 2 f.

Œuvres de Molière, 7 vol. avec le portrait broch. . . . . 14 f.

Œuvres galantes d'Ovide, 2 vol. avec le portrait . . . . 4 f.

Œuvres de Parny, 2 vol. . . . . 4 f.

Œuvres de Piron, 5 vol. . . . . 6 f.

Œuvres choisies de Pope, 1 vol. avec le portrait. . . . . 2 f.

Œuvres choisies de Saint-Réal, 4 vol. . . . 8 f.

Œuvres de Regnard, 4 vol. avec le portrait; broch. . . . . 8 f.

Œuvres choisies de Regnier, 2 vol. avec le portrait . . . . 4 f.

Œuvres choisies de J.-B Rousseau, 2 vol. avec le portrait . . . . 4 f.

Œuvres de J.-J. Rousseau, 27 vol. fig. qui se vendent séparément; savoir :

Les Confessions, avec un Recueil de Lettres, 10 vol. . . . . 20 fr.
Pieces diverses; 4 g. vol. . . . 8
Mélanges et Dialogues, 8 vol. . 16
Considérations sur le gouvernement de Pologne, 1 vol . . . 2
Discours sur l'inégalité des conditions, 1 vol. 2
Contrat Social, 1 vol. 2
Pensées de J.-J. Rousseau, 2 vol. . 4 } 54

Œuvres choisies de Vergier, 3 vol. avec portrait. . . . . 6 f.

Poetes Italiens, 18 vol. figures, qui se vendent séparément, savoir :

Orlando furioso di L. Ariosto, 5 vol. broch. . . . . 10 fr

Gerusalemme liberata, di Torquato Tasso, 2 vol. 4
AMINTA, di Tasso, 1 vol. 2
RIME di Francesco Petrarca, . . 2 vol. 4
IL Pastor fido, del Guarini, 1 vol. 2
LA Secchia rapita, 1 vol 2
FAVOLE e novelle 2
TRATTATO dei Deliti e delle Pene, 1 vol. 2
DANTE, il Paradiso, Inferno e Purgatorio, 3 vol. 6
FILLI di Sciro, 1 vol. 2

} 36

PENSÉES de Pascal, 2 vol. avec le portrait . . . . 4 f.
POÉSIES fugitives de Voltaire, 1 vol. . 2 f.
POÉSIES de la Fare, 1 vol. fig. . . . . 2 f.
POÉSIES de Sapho, 1 vol. avec le port. 2 f.
POÉSIES de Vernes fils, 1 vol. . . . . 2 f.
PUCELLE de Voltaire, en 18 chants, 1 vol. avec le portrait . . . . 2 f.
Idem, en 21 chants, 2 vol. avec 21 vignettes . . . . 8 f.
RECEUIL de poésies de Piis, 1 vol. . . 2 f.
RECUEIL de Contes, 4 vol. avec une vignette à chaque conte. . . . . 30 f.
RELIGION (la) poëme, par Racine, 2 vol. avec le portrait. . . . . 4 f.
RICHARDET, poëme, trad. en vers français, 2 vol. . . . . 4 f.
ROMAN comique, par Scarron, 3 vol. avec le portrait. . . . . 6 f.
SAISONS (les) de Tompson, trad. de l'anglais, 1 vol. fig. . . . . 2 f.
SAISONS (les), poëme, par Saint-Lambert, 1 vol. broch. . . . . 2 f.
THÉATRE de Lanoue, 1 vol. avec le portrait broch. . . . . 2 f.

THÉATRE de Bruéys et Palaprat, 1 vol. avec le portrait . . . . 2 f.

:THÉATRE de Voltaire, 8 vol. avec le portrait broch. . . . . 16 f.

:THÉATRE de Vadé, 2 vol. avec le port. 4 f.

:THÉATRE de Piis et Barré, 2 vol. . . 4 f.

VIE de Marianne, par Marivaux, 4 vol fig. broch. . . . . 8 f.

VIE de Voltaire, 2 vol. . . . . 4 f.

VIE et opinions de Tristram Shandy, trad. de l'anglais de Sterne, 4 vol. fig. . . 8 f.

:VOYAGE sentimental de Sterne, 2 vol. fig... broch. . . . . 4 f.

NOUVEAU voyage sentimental de Gorgy, 2 vol. broch. . . . . 4 f.

:VOYAGE de Chapelle et Bachaumont, 1 vol. fig. . . . . 2 f.

:VOYAGEUR sentimental, par Vernes, 1 vol. fig. broch. . . . . 2 f.

De toutes les collections de petits formats données jusqu'à ce jour, celle que nous annonçons aujourd'hui, est la seule qui ait été constamment accueillie de la France et de l'Etranger, et qui présente dans son ensemble la réunion de nos meilleurs Littérateurs, et des Chefs-d'œuvre de l'Étranger qui ont passé dans notre langue. Exécution typographique soignée, beauté du papier, tout concourt à lui conserver un rang bien supérieur à toutes celles faites, à son exemple, et dont la plupart n'ont de commun avec celle-ci que la forme.

Dès ce moment, on est assuré de trouver de tous ces petits formats, reliés en veau écaillé, dorés sur tranche, filets, bords et bordures. La relîûre est d'un franc par volume.

Voyez le supplément dudit CATALOGUE.

SUPPLEMENT AU CATALOGUE.

ABRÉGÉ de l'Histoire ancienne, de Rollin, 5 vol. in-12, broch . . . . 12 f.

ABRÉGÉ de l'Histoire Romaine, à l'usage des jeunes gens, 5 v. in-12 broch. 12 f.

ALMANACH Militaire, pour la nouvelle année, 1 vol. petit in-8° . . . . 4 f.

ART de faire, gouverner et perfectionner les vins, par Chaptal. un vol. in-8°. . 2 f. 50 c.

ART de faire les Eaux-de-Vie, d'après la doctrine de Chaptal, suivi de l'art de faire les Vinaigres simples et composés, 1 volume in-8°. grav . . . . 3 f.

ART de procréer les Sexes à volonté, par Millot, 1 vol. in-8°. grav. . . . . 6 f.

ART de rendre les hommes meilleurs, par Millot, 2 vol. in-8° . . . . . 6 f.

ART du Parfumeur, ou traité complet de la préparation des Parfums, cosmétique, Pastilles, Pommade, etc. 1 vol in-8°. 6 f,

ART (the) of Correspondence, or models of letters in English and french divided in to four parts, 2 vol. in-12 . . . 4 f.

BUFFON (le) de la jeunesse, 5 vol in-12, grav . . . . 12 f. 50 c.

DICTIONNAIRE de l'Académie française, nouvelle édition, augmentée de plus de vingt mille articles, 2 vol. in-4° . . 30 f.

DICTIONNAIRE grec et latin, ou Lexicon, 10 f.

DICTIONNAIRE (nouveau) Militaire, de toutes les armes qui composent toutes les armées de terre; le plus historique et le plus complet qui ait paru en ce genre, jusqu'à nos jours, par Gaigne, 1 vol. in-8° . . . . broch. . . . . 6 f.

DICTIONNAIRE (nouveau) poëtique, suivi d'un traité de versification, et d'une nomenclature de rimes, etc, par Hamoche, 1 vol. in-8°. broch. . . . . 8 f.

DICTIONNAIRE raisonné, universel, des Arts et Métiers, contenant l'histoire, la description, la police des Fabriques et manufactures de France, et des pays étrangers, par Joubert, 5 vol. in-8° . 21 f.

LYCÉE de la Jeunesse, ou les études réparées, par Moustalon, 2 vol. in-12. 5 f.

LETTRES de Me. et Mlle. de Sévigné, 10 v, 25 f.

LEXICON, voyez Dictionnaire, page 34.

LORD, Chesterfield's, Advice To his son, 1 vol. in-12. . . . . 1 f. 50 c.

MAGASIN des Adolescentes, par Mme. le Prince de Beaumont, 6 vol. in-18 6 f.

MANUEL des jeunes Négociants, 1 vol. in-8°. . . . . 1 f. 50 c.

MANUEL du Voyageur aux environs de Paris, contenant la Description historique, Ancienne et Moderne des Monuments, Châteaux, Maisons de plaisance, Parcs et Jardins, situés dans un rayon de vingt lieues, avec leur Carte géographique et topographique, par P. Villiers, 2 vol. in-18, de 908 p. 5 f. cartonnés, et 6 f. reliés.

MANUEL nécessaire au Villageois, pour soigner les abeilles, ect. etc. par Lombard, 1 vol. in-8°. grav. broch . . . 2 f.

MÉDECINE domestique, ou Traité complet des moyens de conserver sa santé et de guérir les maladies par le régime et les remèdes simples, par Buchan, cinquième édition, 5 vol. in-8°. . . . . 20 f.

MYTOLOGIE de la Jeunesse, Ouvrage élémentaire, par demandes et par réponses, orné de 130 grav. 2 vol. in-12 . . . 5 f.

NOUVEAU ROBINSON pour servir à l'amusement et à l'instruction des enfants de l'un et de l'autre sexe, Ouvrage traduit de l'Allemand, 2 vol. in-12. . . . 5 f.

Nouvelle Chimie du goût et de l'odorat, ou l'art de composer facilement et à peu de frais les liqueurs à boire et les eaux de senteur, 2 vol. in.8°. . . 10 f.

OEuvres Badines du Comte de Caylus, 12 vol. in-8°. grav . . . . 60 f.

OEuvres de Berquin, 28 vol. in-18°. grav. broch . . . . 30 f.

OEuvres complettes de Freret, 20 vol. petit in-12. . . . . 20 f.

OEuvres complettes de J. J. Rousseau, edition de Didot, 20 vol. in-8°. papier vélin. . . . . 240 f.

OEuvres de Virgile, traduites en français, le texte vis-à-vis la traduction, avec des remarques, par M. l'Abbé Desfontaine, nouvelle édition, plus correcte que les précédentes, 4 vol. in-12 . . . . 10 f.

Traité de la Prosodie française, par d'Olivet, 1 vol. in-12 . . . . . 2 f.

Traité théorique et pratique de la culture des grains, suivi de l'art de faire soi-même le pain avec toutes les substances farineuses, par Parmentier, etc. etc. 2 vol. in-8°. avec dix planches en taille douce, . . 12 fr.

Traité théorique et pratique sur la culture de la vigne, avec l'art de faire le vin, les eaux-de-vie, vinaigres simples et composés, par Chaptal, etc. 2 vol in-8°. grav. . . . . 12 f.

Vocabulaire des termes de commerce, banque, manufacture, navigation marchande, finances mercantilles et statistique, par Peuchet, 1 vol. in-8°. broch . 5 f.

Vocabulaire (nouveau] français, ou abrégé du Dictionnaire de l'Académie, par de Wailly, 1 vol. in-8°. . . . . 6 f.

ÉDITIONS STÉRÉOTIPES,

Qui sont actuellement en vente.

Nota. La brochure de chaque volume se paie en sus du prix de l'ouvrage, 15 centimes.

OUVRAGES FRANÇAIS.

FABLES de la Fontaine, suivies d'Adonis, poëme, 2 vol. in-18, papier ordinaire en feuilles........................1 f. 20 c.
Les mêmes en papier fin........2 f.
Les mêmes pap. vélin..........6 f.
Les mêmes gr. pap. vélin........9 f.

Contes de la Fontaine, 2 vol. in-18, pap. ord. en feuilles...................1 f. 20 c.
Les mêmes en papier fin.........2 f.
Les mêmes pap. vélin... ....6 f.
Les mêmes gr. pap. vélin........9 f.

OEuvres complètes de Racine, 5 vol. in-18, en feuilles ....3 f. 75 c.
Les mêmes en papier fin..........6 f. 25 c.
Les mêmes pap. vélin.............15 f.
Les mêmes en grand pap. vélin..22 f. 50 c.
12 gravures pour le théâtre, gravées sur acier, tirées sur p. vel. avant la let. 4 f.
Sur pap. ord.........................2 f.

Odes, cantates, épîtres et poésies diverses de J. B. Rousseau, 2 vol. in-18, en feuilles, papier ordinaire.................1 f. 50 c.
Les mêmes en papier fin...... ..2 f. 50 c.
Les mêmes en papier vélin.......6 f.

D

Les mêmes en gr. pap. vélin......9 f.

OEuvres complètes de Boileau, 2 volumes in-18, en feuilles, papier ordinaire..1 f. 50 c.
Les mêmes en papier fin.........2 f. 50 c.
Les mêmes en papier vélin........6 f.
Les mêmes en gr. papier vélin....9 f.

Télémaque, 2 volumes in-18, en feuilles, papier ordinaire...................1 f. 20 c.
Le même en papier fin...........2 f.
Le même en papier vélin........6 f.
Le même en gr. pap. vélin.........9 f.

Chefs-d'œuvres de Pierre et de Th. Corneille, 4 vol. in-18, papier ordinaire....3 f.
Les mêmes en papier fin...........5 f.
Les mêmes en papier vélin........12 f.
Les mêmes en gr. pap. vél.....18 f.

OEuvres de Molière, 8 vol. in-18, pap. ord., en feuilles........ ....5 f. 20 c.
Les mêmes en papier fin........8 f.
Les mêmes en papier vélin......24 f.
Les mêmes en gr. pap. vélin....36 f.

Poésies de Malherbe, in-18, 1 vol. pap. ordinaire, en feuilles...................75 c.
Les mêmes en pap. fin...........1 f. 25 c.
Les mêmes pap. vélin............3 f.
Les mêmes gr. pap. vélin........4 f. 50 c.

OEuvres de Voltaire,
in-18.

La Henriade de Voltaire, suivie de l'Essai sur la Poésie épique, 1 vol. in-18, pap. ord. en feuilles...........................75 c.
La même en papier fin..........1 f. 25 c.
La même pap. vélin..............3 f.
La même gr. pap. vélin...........4 f. 50 c.

Poëmes et Discours en vers, du même, 1 vol. in-18, pap. ordinaire, en feuilles.....75 c.
Les mêmes pap. fin.............1 f. 25 c.
Les mêmes pap. vélin...........3 f.
Les mêmes gr. pap. vélin........4 f. 50 c.

Épîtres, Stances et Odes du même, 1 vol. in-18, pap. ordinaire, en feuilles.....75 c.
Les mêmes en pap. fin...........1 f. 25 c.
Les mêmes pap. vélin...........3 f.
Les mêmes gr. pap. vélin.......4 f. 50 c.

Contes en vers, Satires et Poésies mêlées du même, 1 vol. in-18, pap. ordinaire, en feuilles...............................75 c.
Les mêmes en pap. fin..........1 f. 25 c.
Les mêmes pap. vélin..........3 f.
Les mêmes gr. pap. vélin.......4 f. 50 c.

Théâtre du même, 12 vol. in-18; prix de chaque vol., pap. ord., en feuilles.. 75 c.
Le même en pap. fin.............1 f. 25 c.
Le même en pap. vélin..........3 f.
Le même en gr. pap. vélin........4 f. 50 c.
36 estampes gravées sur acier pour les 9 premiers vol., divisées en trois livraisons de 2 f. chacune, et 4 f. avant la lettre. La quatrième livraison, pour les 3 derniers volumes, paraîtra sous peu.

La Pucelle, 1 vol. in-18, papier ordinaire, en feuilles............................75 c.
La même en papier fin...........1 f. 25 c.
La même en pap. vélin...........3 f.
La même gr. pap. vélin...........4 f. 50 c.

Romans, 3. vol. *sous presse*.

OEuvres de Regnard, 5 vol. in-18, pap. ordinaire, en feuilles...............3 f. 75 c.
Le même en pap. fin...............6 f. 25 c.

Le même en pap. vélin.........15 f.
Le même en gr. pap. vélin .....22 f. 50 c.

OEuvres de Crébillon, in-18, *sous presse.*

Le Manuel républicain, première partie, contenant des instructions sur les nouveaux poids et mesures, etc. imprimé par ordre du Ministre de l'Intérieur, 1 vol. in-18, en feuilles, papier ordinaire.............70 c.

Observations sur l'Histoire de France, extraites de Dubos et de Mably, par Thouret, ouvrage élémentaire, 1 vol. in-18, br... ....1 f. 20 c.
Les mêmes pap. fin.............2 f.
Les mêmes pap. vélin............4 f.
Nota. *Ce volume est la seconde partie annoncée pour le Manuel républicain.*

Latins.

Virgilius, in-18, 1 vol. orné d'une carte géographique et de petites vignettes gravées d'après l'antique, papier ordinaire, en feuilles ....75 c.
Id. en papier fin..................1 f. 25 c.
Id. en pap. vélin................3 f.
Id. en gr. pap vélin.............4 f. 50 c.

Phœdri Fabularum libri quinque, 1 vol. in-18, pap. ord. en feuilles................30 c.
Id. en papier fin.........................50 c.
Id. en papier vélin..............1 f. 50 c.
Id. en gr. pap. vélin...........2 f. 50 c.

Cornelii Nepotis Vitæ imperatorum, 1 vol. in-18, pap. ord, en feuilles ....40 c.
Id. en papier fin........ .... .75 c.
Id. en pap. vélin..................2 f.
Id. en gr. pap. vélin.............3 f.

Quintus Horatius Flaccus, 1 vol. in-18, avec des notes extraites de Jean Bond, papier ordinaire, en feuilles.......... .....75 c.
Id. en papier fin.................1 f. 25 c.
Id. en pap. vélin................3 f.
Id. en gr. pap. vélin, sans notes, et non corrigé........................4 f. 50 c.

Sallustii catilinaria et jugurthina bella, 1 vol. in-18, pap. ord. en feuilles...........50 c.
Id. en papier fin........................75 c.
Id. en pap. vélin................ 2 f.
Id. en gr. pap. vélin..............3 f.

Ovidii Nasonis Metamorphoseon, libri XV, *sous presse.*

Anglais.

The Vicar of Wakefield, avec des notes, 1 vol. in-18, papier ordinaire, en feuilles..................................75 c.
Id. en papier fin..................1 f. 25 c.
Id. en papier vélin............... 3 f.
Id. grand papier vélin............4 f. 50 c.

Letters of mylady Wortley Montague, 1 vol. in-18, pap. ord.........................75 c.
Id. en papier fin....................1 f. 25 c.
Id. en pap. vélin....................3 f.
Id. en gr. pap. vélin.......... . ..4 f. 50 c.

Gay's Fables and Moore, 1 vol. in-18, papier ordinaire.......................... ...75 c.
Id. en pap. fin......................1 fr. 25 c.
Id. en pap. vélin..................3 f.
Id. en gr. pap. vélin........... .4 f. 50 c.

A Sentimental Journey, 1 vol. in-18, papier

ord. en feuilles..........................75 c.
Id. en papier fin..................1 f. 25 c.
Id en pap vélin..................3 f.
Id. en gr. pap. vélin............ 4. f. 50 c.

Voyage sentimental de Sterne, suivi des Lettres d'Yorick à Elisa, traduction nouvelle par Paulin Crassoux, accompagnée de Notes historiques et critiques,
3 vol. in-18 (*non stéréotypes*), pap. ord. broch...... ....3 f. 60 c.
Pap. fin..........................6 f.
Pap. vélin..........................12 f.

ITALIENS.

Aminta di Torquato Tasso, 1 vol. in-18, pap. ord. en feuilles.......... ....50 c.
Id. en pap. fin.........................90 c.
Id. en pap. vélin.......... .....2 f.
Id. en gr. pap. vélin..............3 f.
Il Pastor fido, 1 vol. in-18, *sous presse.*

OEuvres de Michel Montaigne, in-12, 4 vol. Papier ord. en feuilles.... 8 f.
Id. in-8°. 4 volumes, pap. fin....16 f
Id........................pap. vélin..40 f.

BOOKS

SOLD BY THE SAME BOOKSELLER.

A FATHER's legacy to his Daughters, 1 vol. in-12, broch.......................2 f.

AMOURS d'Ismène et d'Isménias, en anglais, 1 vol....................... ...2 f.

AVENTURES DE TÉLÉMAQUE, en Anglais et en Français, 2 vol. in-12.........6 f.

DICTIONNAIRE français-anglais et anglais-français, par Boyer, nouvelle édition, 2 vol. in-4°......................36 f.

DICTIONNAIRE français-anglais, anglais-français, par Boyer, nouv. édition, 2 volumes in-8°....................... ..12 f.

DICTIONNAIRE de poche, français-anglais, anglais-français, par Nugent, augmenté de plusieurs miliers de mots, d'un dictionnaire de marine, etc. etc., 2 v. p. in-8°..6 f.

FABLES by John Gay, 1 vol. in-12...2 f.

GRAMMAIRE anglaise et française, par Siret, 1 vol. in-8°......................2 f. 50 c.

GRAMMAIRE anglaise et française, par Boyer. 1 vol. in-12.................... .2 f. 50 c.

GRAMMAIRE anglaise de Peyton, 1 volume in-12.........................2 f. 50 c.

GRAMMAIRE anglaise, simplifiée et réduite à 21 leçons, par Vergani, 1 vol. in-12, broché............. ....2 f.

GRAMMAIRES raisonnées et comparées des langues françaises et anglaises, par Salavy-Dufresnoy, 1 vol. in-8°.......2 f. 50 .

LETTRES de Milady Juliette Catesby, à Milady Camplay, en français et en anglais 1 vol. petit in-12..................2 f. 50 c.

PAUL and Virginia, 1 vol. in-12...1 f. 50 c.

THE Adventures of Thélémacus, son of Ulysses, english and french, 2 vol in-12....6 fr.

THE art of correspondance, or models of

letters in english and french, divided in to four parts.....................5 f.

Thèmes français et anglais, faisant suite à la Grammaire de Salavi-Dufresnoy, 1 vol. in-8º.................................2 50 c.

The Vicar of Wakefield. 1 v. in-18. 1 f.

The adventures of the Telemacus, 1 vol. in-12...............................2 f. 50 c.

* The beauties of english poetry, or a collection of poems, extracted from the best authors, 1 vol. in-12......... ....2 f. 50 c.

* The beauties of the spectator, english and french, 1 vol. in-12.. ....4 f.

* The english instructor, or useful and entertaining passages in prose, selected from the most eminent english writers, and designed for the use and improvement of those who learn that language, 1 vol. in-12, broch............................2 f. 50 c.

History (A) of England, in a series of letters from a nobleman to his son 2 vol. in-12...6 f.

The Seasons, by james Thomson a new edition, 1 vol. p. in-12....... ..2 f. 50 c.

The Elements of french conversation, with new familiar and easy Dialogues, by, J. Perrin, 1 vol. in-8º..........2 f.

The histori of Tom Jones, a foundling. By Henry Fielding, 4 vol. in-8º.......15 f.

Worcks (the) of Ossian, the son of Fingal translated by J. Macpherson, 4 vol. in-12, broch.............................12 f.

F I N.

www.ingramcontent.com/pod-product-compliance
Ingram Content Group UK Ltd.
Pitfield, Milton Keynes, MK11 3LW, UK
UKHW020237220726
13923UKWH00002B/698